JN098926

Pythonによる
数値計算法の基礎

橋本 修・毛塚 敦 共著

森北出版

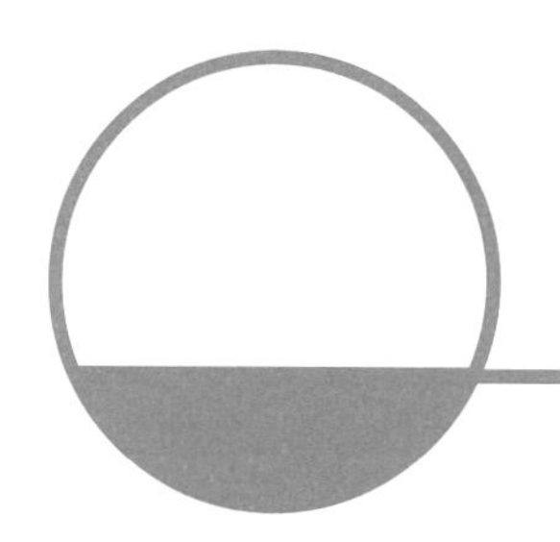

まえがき

近年のコンピュータ技術の発展には目覚ましいものがあり，理工系分野においても，各種のシミュレータを駆使した設計や研究が盛んに行われ，多大な威力を発揮している．このような背景において，どのような分野であろうと理工系の内容を学ぶには，必要な種々の応用数学を学び，理解するのにとどまらず，数値計算により種々の問題を解決していく，いわゆる“理工系に必要な数値計算手法”を専門科目を理解する過程において身につけることが，必要不可欠となってきている．

本書は，そのような背景をふまえ，各種の数値計算手法の中から筆者らが，理工系分野を学ぶ際にとくに必要と思われる内容を選択し，かつ理工系の応用面を重視して書き上げたものである．

すなわち，本書の特徴は，○プログラミングに至る純数学的な部分を他の専門書にゆずり，一つひとつの単元を比較的短く簡潔にし，○理工系分野に関係する例題を多く取り入れ，これらの例題に対するプログラミングや多くの演習問題を通じて，実践的に数値計算手法の考え方を理解するようにした点にある．また，プログラミング言語は文法が平易で，プログラミング初心者にも扱いやすい「Python（パイソン）」を選択した．さらに，理工系分野で一般的なラプラスの方程式や波動方程式などを複雑な境界条件のもとに解く例題も取り上げ，数値計算がいかに理工系分野に威力を発揮するかを理解できるようにしている．要するに，“本書を通じて数値計算手法に慣れ親しみ，その威力を実感し，道具として柔軟に活用できるようになること”を念頭においている．

本書は，主に大学 1 年次後期から 3 年次の学生諸君を対象と考えている．この場合，すでに各種の専門科目を履修した学生諸君には，履修時にその分野の数学や例題に取り上げた専門科目を習得している人もいると思われる．その場合には，本書は，理工系分野の数値計算の書という観点より，さらに応用数学や専門科目を体系的に整理・活用する書として役立つようにと考えている．

2021 年 5 月

青山学院大学　橋本修

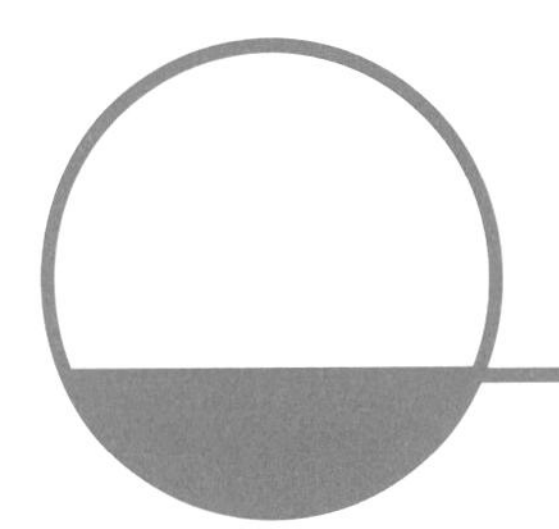

目　次

第1章 非線形方程式

関数方程式（代数，超越，微分，積分方程式など）の解を求める場合，厳密解は見つけられないことのほうが多い．そこでこのような場合には，推定によって適当な粗い近似解を探しておき，これを足掛かりに何回も改良を重ねてさらによい近似解を求める．このような方法は，非線形方程式を近似的に解く場合，とくに有効な手段となることはいうまでもない．本章では，そのような手法を用いるはさみうち法，ニュートン法，さらにそれらの一般的な考え方について説明する．

1.1 はさみうち法

図 1.1 に示すような代数方程式 $y = f(x)$ の曲線において，この方程式の根 $x = c$ を求めてみよう．すなわち，図から明らかなように，$f(x) = 0$ の根の 1 つは，連続区間 $[a, b]$ 内に存在している．はさみうち法は図から推察できるように，次のような手順で根を求める．

まず，$f(x) = 0$ の根に近い数 a と b を，根の探索区間として選択する．そして，$f(x)$ に a と b を代入し，$f(a)$ と $f(b)$ の符号を調べる．もしこれらが同符号の場合には，

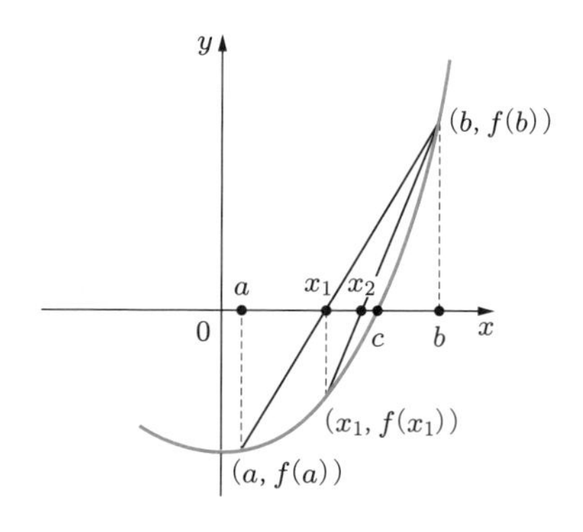

図 1.1　はさみうち法の概要

その区間 $[a, b]$ には根が存在しないか，または，その区間に2個以上の根が存在する場合であるから，そのような区間選択は考えないものとする．そこで，点 $(a, f(a))$ と点 $(b, f(b))$ を直線で結び，x 軸との交点 x_1 を求める．ここで，2点を通る直線の方程式から，求めようとする根を x_1 とすると

$$0 - f(a) = \frac{f(b) - f(a)}{b - a}(x_1 - a) \tag{1.1}$$

から

$$x_1 = \frac{af(b) - bf(a)}{f(b) - f(a)} \tag{1.2}$$

となる．

　このようにして，この x_1 の値をさらに $f(x)$ に代入し，$f(x_1)$ と $f(b)$ の符号を調べ，同様に異符号である場合には，新たに x_2 を次のように求める．

$$x_2 = \frac{x_1 f(b) - bf(x_1)}{f(b) - f(x_1)} \tag{1.3}$$

　ただし，$f(x_1)$ と $f(b)$ が同符号になる場合は，点 $(a, f(a))$ と点 $(b, f(b))$ を結ぶ直線の方程式から

$$x_2 = \frac{af(x_1) - x_1 f(a)}{f(x_1) - f(a)} \tag{1.4}$$

として x_2 を求め，このような考えを順次繰り返して，x_i $(i = 1, 2, ..., n)$ の値が根 c の値になるまで繰り返し実行する．実際には収束判定の値 ϵ（たとえば，10^{-6}程度）を指定し，一例として定義した収束判定条件

$$\frac{|\ x_n - x_{n-1}\ |}{x_{n-1}} \leq \epsilon \tag{1.5}$$

を満足するまで反復実行する．

　なお，x_i を求める際に，図1.2のように

$$x_i = \frac{x_L + x_R}{2}$$

として選択していく方法をとくに二分法とよんでいる．

　一例として，

$$f(x) = x^2 - 16 \tag{1.6}$$

の方程式をはさみうち法を用いて解いてみよう．すなわち，先の根の探索範囲 $[a, b]$ を $[2, 6]$ として，x_i を順次求めてみる．この結果，x_i の値は表1.1のようになり，この方程式の場合，4回の反復計算でほぼ満足する根を求められることがわかる．

　さて，このはさみうち法について，プログラム化してみよう．

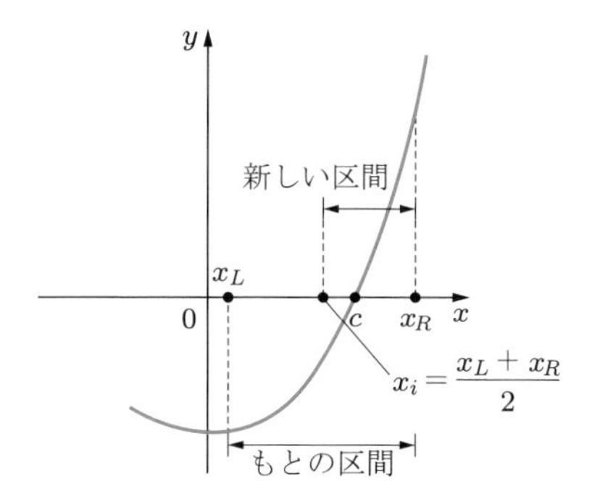

図 1.2　二分法の概要

表 1.1　x_i の収束状況

x_i の値	$f(x_i) \times f(b)$ の符号
$x_1 = \frac{2f(6)-6f(2)}{f(6)-f(2)} = \frac{112}{32} = 3.500$	負
$x_2 = \frac{3.5f(6)-6f(3.5)}{f(6)-f(3.5)} = \frac{92.5}{23.75} = 3.895$	負
$x_3 = \frac{3.895f(6)-6f(3.895)}{f(6)-f(3.895)} = \frac{82.874}{20.829} = 3.979$	負
$x_4 = \frac{3.979f(6)-6f(3.979)}{f(6)-f(3.979)} = \frac{80.588}{20.168} = 3.996$	負

例題 1.1　[はさみうち法]　はさみうち法をプログラム化し，根の探索範囲を [2,6] として，次の関数 $f(x)$ の解を求めよ．

$$f(x) = x^2 - 16$$

解答

[プログラム例]

```
# -----はさみうち法による非線形方程式の解法-----

# -----関数f(x)-----
def f(x):
    return x ** 2 - 16


# -----はさみうち法-----
def squeeze(a, b, ex):
    n = 1
    error_a = 1
    error_b = 1
```

```
    while error_a > ex and error_b > ex:
        # 点 (a,f(a))と 点 (b,f(b))を直線で結び, x 軸との交点 xi を求める
        x_i = (a * f(b) - b * f(a)) / (f(b) - f(a))
        y_i = f(x_i)
        print(n, "\t", x_i)

        posi_nega = y_i * f(b)
        error_a = abs(x_i - a) / abs(a)
        error_b = abs(x_i - b) / abs(b)

        if posi_nega < 0:
                   # f(x)とf(b)が異符号であれば, 解は区間 (x, b)の中に存在
            a = x_i
        else:      # f(x)とf(b)が同符号であれば, 解は区間 (a, x)の中に存在
            b = x_i
        n += 1


# ------入力------
print("***はさみうち法を用いて解を求めます***")
print("収束判定の値を代入してください ex = ? [1e-5程度]")
ex = float(input())
print("探索範囲となる2点a,bを入力してください  [a,b]")
a = float(input("a = "))
b = float(input("b = "))

# ------結果の出力------
print("解は以下のとおりです")
print("n \t xi")
squeeze(a, b, ex)
```

このプログラムでの入力の一例と出力結果は以下のようになる．ここで，n は繰り返し回数，x_i は求められた解である．

【入力】

```
***はさみうち法を用いて解を求めます***
収束判定の値を代入してください ex = ? [1e-5程度]
1e-5
探索範囲となる2点a,bを入力してください  [a,b]
a = 2
b = 6
```

【出力】

```
解は以下のとおりです
n         xi
1         3.5
2         3.8947368421052633
3         3.978723404255318
4         3.9957356076759054
5         3.9991467576791804
6         3.9998293369741442
7         3.9999658668123015
8         3.9999931733391594
```

［二分法］　二分法をプログラム化し，根の探索範囲を [2,5] として，次の関数 $f(x)$ の解を求めよ．

$$f(x) = x^2 - 16$$

解答

［プログラム例］

```
# ------二分法による非線形方程式の解法------

# ------関数f(x)------
def f(x):
    return x ** 2 - 16


# ------二分法------
def dichotomy(a, b, ex):
    n = 1
    error = 1

    while error > ex:
        # 中間値の計算
        c_n = (a + b) / 2.0
        y_n = f(c_n)
        print(n, "\t", c_n)

        posi_nega = y_n * f(b)
        error = abs(a - b)

        if posi_nega < 0:
                    # f(x)とf(b)が異符号であれば，解は区間 (c_n, b)の中に存在
            a = c_n
        else:       # f(x)とf(b)が同符号であれば，解は区間 (a, c_n)の中に存在
```

```
            b = c_n
        n += 1


# ------入力------
print("***二分法を用いて解を求めます***")
print("収束判定の値を代入してください ex = ? [1e-5程度]")
ex = float(input())
print("探索範囲となる 2点a,b を入力してください  [a,b]")
a = float(input("a = "))
b = float(input("b = "))

# ------結果の出力------
print("解は以下のとおりです")
print("n \t Cn")
dichotomy(a, b, ex)
```

このプログラムでの入力の一例と出力結果は以下のようになる．ここで，n は繰り返し回数，C_n は求められた解である．

【入力】

```
***二分法を用いて解を求めます***
収束判定の値を代入してください ex = ? [1e-5程度]
1e-5
探索範囲となる 2点a,b を入力してください  [a,b]
a = 2
b = 5
```

【出力】

```
解は以下のとおりです
n          Cn
1          3.5
2          4.25
3          3.875
4          4.0625
5          3.96875
6          4.015625
7          3.9921875
8          4.00390625
9          3.998046875
10         4.0009765625
11         3.99951171875
12         4.000244140625
```

```
13        3.9998779296875
14        4.00006103515625
15        3.999969482421875
16        4.0000152587890625
17        3.9999923706054688
18        4.000003814697266
19        3.999998092651367
20        4.000000953674316
```

このように一般的には，はさみうち法のほうが二分法に比べて根への収束がきわめて早く，計算の繰り返し回数も少なくてよいことが知られる．

1.2 ニュートン法

1.2.1 1次元の場合

いま，代数方程式または超越方程式において，

$$f(x) = 0 \tag{1.7}$$

の実根を求めることを考える．まず初期値を第0近似根 x_0 として扱い，x_0 から出発して，式 (1.7) のテイラー展開式の第1次の項までとり，

$$f(x_0) + f^{(1)}(x_0) \cdot (x - x_0) = 0 \tag{1.8}$$

を x について解き，第1近似根 x_1 を得る．ついで

$$f(x_1) + f^{(1)}(x_1) \cdot (x - x_1) = 0 \tag{1.9}$$

を x について解き，第2近似根 x_2 を得る．順次，この操作を続けて，第 n 近似根 x_n は次式を解けば求められる．

$$f(x_{n-1}) + f^{(1)}(x_{n-1}) \cdot (x - x_{n-1}) = 0 \tag{1.10}$$

この解法の幾何学的な意味は，図 1.3 を参考にして考えることにより容易に理解できる．

さて，この考えを次の例題を用いて考えてみる．すなわち，超越方程式 $x = e^{-x}$ の実根を求める場合，

$$f(x) = x - e^{-x}$$
$$f^{(1)}(x) = 1 + e^{-x}$$

とすると，第 n 近似根は，次式から求められる．

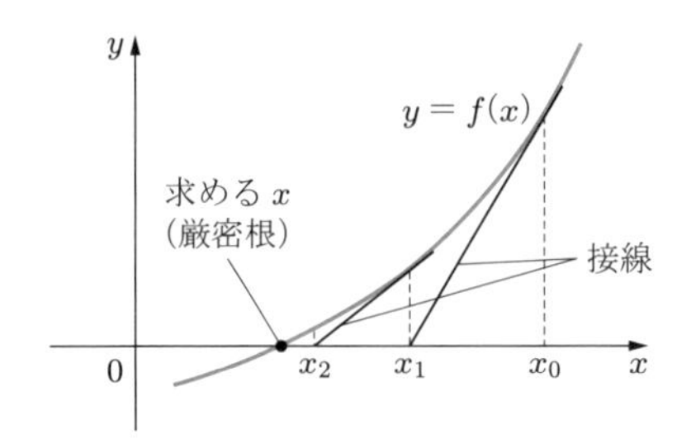

図 1.3 ニュートン法の概要

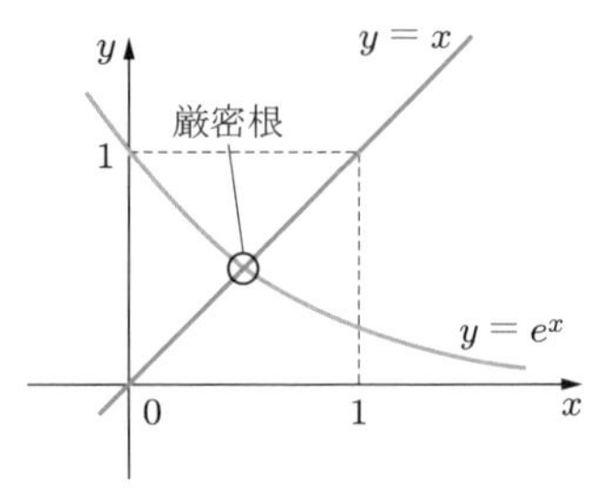

図 1.4 ニュートン法の一例

$$x_n = x_{n-1} - \frac{f(x_{n-1})}{f^{(1)}(x_{n-1})} \tag{1.11}$$

この場合，図 1.4 から見当をつけて第 0 近似根 $x_0 = 1$ とすると，式 (1.11) より

$$\begin{aligned} x_1 &= x_0 - \frac{x_0 - e^{-x_0}}{1 + e^{-x_0}} = 1 - \frac{1 - e^{-1}}{1 + e^{-1}} \\ &= 1 - \frac{e-1}{e+1} \simeq 1 - \frac{2.71828 - 1}{2.71828 + 1} \simeq 0.538 \\ x_2 &= x_1 - \frac{x_1 - e^{-x_1}}{1 + e^{-x_1}} = 0.538 - \frac{0.538 - e^{-0.538}}{1 + e^{-0.538}} = 0.538 + 0.029 \\ &= 0.567 \\ x_3 &= 0.567 - \frac{0.567 - e^{-0.567}}{1 + e^{-0.567}} = 0.5671 \cdots \end{aligned}$$

となる．この結果，第 2 近似根と第 3 近似根を比較すると小数点以下 3 桁まで一致していることがわかる．

なお，ニュートン法において導関数が容易に計算できない場合には，以下のように数値微分を用いることができる．

$$f^{(1)}(x_{n-1}) = \frac{f(x_{n-1}) - f(x_{n-2})}{x_{n-1} - x_{n-2}} \tag{1.12}$$

これを式 (1.11) に代入すると

$$x_n = x_{n-1} - \frac{f(x_{n-1})(x_{n-1} - x_{n-2})}{f(x_{n-1}) - f(x_{n-2})} \tag{1.13}$$

となり，導関数を用いずに第 n 近似根を計算できる．この手法は，割線法またはセカント法とよばれ，初期値として x_0 と x_1 の 2 つを与えて根を求めていく方法である．

● 1.2.2 ● 2 次元の場合

次の $f(x,y)$，$g(x,y)$ の実数解を求めることを考える．

$$
\begin{aligned}
f(x, y) &= 0 \\
g(x, y) &= 0
\end{aligned}
\tag{1.14}
$$

2 次元の場合，式 (1.10) に対応する式は次のようになる．

$$
\begin{aligned}
f(x_{n+1}, y_{n+1}) &= f(x_n, y_n) + \frac{\partial f(x_n, y_n)}{\partial x}(x_{n+1} - x_n) \\
&\quad + \frac{\partial f(x_n, y_n)}{\partial y}(y_{n+1} - y_n) = 0 \\
g(x_{n+1}, y_{n+1}) &= g(x_n, y_n) + \frac{\partial g(x_n, y_n)}{\partial x}(x_{n+1} - x_n) \\
&\quad + \frac{\partial g(x_n, y_n)}{\partial y}(y_{n+1} - y_n) = 0
\end{aligned}
\tag{1.15}
$$

ここで，$x_{n+1} - x_n = \Delta x$，$y_{n+1} - y_n = \Delta y$ とすると，式 (1.15) は

$$
\begin{aligned}
f(x_{n+1}, y_{n+1}) &= f(x_n, y_n) + \frac{\partial f(x_n, y_n)}{\partial x} \cdot \Delta x + \frac{\partial f(x_n, y_n)}{\partial y} \cdot \Delta y = 0 \\
g(x_{n+1}, y_{n+1}) &= g(x_n, y_n) + \frac{\partial g(x_n, y_n)}{\partial x} \cdot \Delta x + \frac{\partial g(x_n, y_n)}{\partial y} \cdot \Delta y = 0
\end{aligned}
\tag{1.16}
$$

となる．よって，次のように行列を用いると，2 元連立 1 次方程式で表すことができる．

$$
\begin{bmatrix}
\dfrac{\partial f(x_n, y_n)}{\partial x} & \dfrac{\partial f(x_n, y_n)}{\partial y} \\
\dfrac{\partial g(x_n, y_n)}{\partial x} & \dfrac{\partial g(x_n, y_n)}{\partial y}
\end{bmatrix}
\begin{bmatrix} \Delta x \\ \Delta y \end{bmatrix}
= -
\begin{bmatrix} f(x_n, y_n) \\ g(x_n, y_n) \end{bmatrix}
\tag{1.17}
$$

すなわち，

$$
\begin{bmatrix} x_{n+1} \\ y_{n+1} \end{bmatrix}
=
\begin{bmatrix} x_n \\ y_n \end{bmatrix}
-
\begin{bmatrix}
\dfrac{\partial f(x_n, y_n)}{\partial x} & \dfrac{\partial f(x_n, y_n)}{\partial y} \\
\dfrac{\partial g(x_n, y_n)}{\partial x} & \dfrac{\partial g(x_n, y_n)}{\partial y}
\end{bmatrix}^{-1}
\begin{bmatrix} f(x_n, y_n) \\ g(x_n, y_n) \end{bmatrix}
\tag{1.18}
$$

である．

以上，ニュートン法について述べたが，ここでは 1 次元のニュートン法についてプログラム化してみよう．

例題 1.3 ［ニュートン法］ ニュートン法を用いて，次の関数 $f(x)$ の解を求めよ．

$$
f(x) = x - e^{-x}
$$

解答

ここでは，第 0 近似根を $x_0 = 1$ としている．

[プログラム例]

```
# -----ニュートン法による非線形方程式の解法-----
import math


# -----関数f(x)-----
def f(x):
    return x - math.exp(-x)


# -----関数f'(x)-----
def f_d(x):
    return 1 + math.exp(-x)


# -----ニュートン法-----
def newton_method(x0):
    # 初期値設定
    n = 1
    error = 1
    ex = 1e-5    # 収束判定の基準値
    x_n = x0     # 第0近似根

    while error > ex:
        x_n1 = x_n - f(x_n) / f_d(x_n)    # 第n+1近似根の導出
        error = abs(x_n1 - x_n)    # 収束値
        print(n, "\t", x_n1)

        x_n = x_n1
        n += 1


# -----入力-----
print("***ニュートン法を用いて解を求めます***")
x0 = float(input("第0近似根 x0 = ? "))

# -----結果の出力-----
print("解は以下のとおりです")
print("n \t xi")
newton_method(x0)
```

このプログラムでの入力と出力結果は以下のようになる．ここで，n は繰り返し回数，x_1 は求められた解である．

【入力】

```
***ニュートン法を用いて解を求めます***
第0近似根 x0 = ? 1
```

【出力】

```
解は以下のとおりです
n         xi
1         0.5378828427399902
2         0.566986991405413З
3         0.567143285989123
4         0.5671432904097838
```

なお，この例題では関数の 1 次微分係数（$f^{(1)}(x) = 1 + e^{-x}$）が解析的に求められた．しかし，解析的に求められない場合には，2.2 節で示すように数値微分で求める．

1.3　逐次近似法と摂動法

● 1.3.1 ● 逐次近似法

一般に関数方程式

$$F(x) = 0 \tag{1.19}$$

を線形部分 $L(x)$ と非線形部分 $N(x)$ に分ける．そして，式 (1.19) を

$$L(x) = N(x) \tag{1.20}$$

というように書き直す．

次に，適当な第 0 近似解 x_0 を探しておき，これを非線形部分にだけ代入し，

$$L(x) = N(x_0) \tag{1.21}$$

としてみる．この右辺は定数と同じであるから式 (1.21) は線形の方程式である．一般に線形方程式であれば，その解は比較的容易に解析的に求められる．さらに，式 (1.21) の根を x_1 として第 1 近似解とする．この x_1 をまた式 (1.20) の右辺に代入して，第 2 近似解 x_2 は

$$L(x_2) = N(x_1) \tag{1.22}$$

から求められる．この操作を何度も繰り返し，第 n 近似解 x_n は

$$L(x_n) = N(x_{n-1}) \tag{1.23}$$

から求められ，この場合の解 $x \simeq x_n$ は比較的よい近似解になっているはずである．

● 1.3.2 ● 摂動法

式 (1.19) において，正しい解が微小パラメータ ϵ について

$$x = x_0 + \epsilon x_1 + \epsilon^2 x_2 + \epsilon^3 x_3 + \cdots \tag{1.24}$$

の形をしているものと仮定する．これを式 (1.20) に代入し，

$$\begin{aligned} 左辺 &= L(x_0 + \epsilon x_1 + \epsilon^2 x_2 + \cdots) \\ &= L(x_0) + \epsilon L(x_1) + \epsilon^2 L(x_2) + \cdots \end{aligned} \tag{1.25}$$

$$\begin{aligned} 右辺 &= N(x_0 + \epsilon x_1 + \epsilon^2 x_2 + \cdots) \\ &= \epsilon N_1(x_0) + \epsilon^2 N_2(x_0, x_1) + \cdots \end{aligned} \tag{1.26}$$

を得る．ここで，両辺を比較して ϵ の同じベキをとると，

$$\epsilon^0; L(x_0) = 0 \tag{1.27}$$

$$\epsilon^1; L(x_1) = N_1(x_0) \tag{1.28}$$

$$\epsilon^2; L(x_2) = N_2(x_0, x_1) \tag{1.29}$$

$$\vdots$$

$$\epsilon^n; L(x_n) = N_n(x_0, x_1, x_2, \ldots, x_{n-1}) \tag{1.30}$$

となる．式 (1.27) は線形方程式であるから，解析的に解ける．そして，第1次補正項 x_1 は同じく線形方程式 (1.28) から求める．以下，第 n 次補正項は式 (1.30) より求められ，これらを式 (1.24) の右辺に代入することにより，ほぼ満足のいく解を得られる．とくに

$$N(x) = \epsilon N(x_0) + \epsilon^2 N(x_1) + \cdots \tag{1.31}$$

とすることが可能なときには，先に説明した逐次近似法と一致する．

○ 演習問題 ○

1.1 ［二分法］

(1) $x + \sin x - 2 = 0$ の解を二分法により第 4 近似根まで求めよ．ただし，初期値は 0 と 4 とする．

(2) $x^2 - 11 = 0$ の解を二分法により求めよ．ただし，初期値は 2 と 4 とする．

1.2 ［割線法］ 次の方程式の根を割線法を用いて求めよ．

(1) $x^2 - 7x + 12 = 0$，初期値 $x_0 = 5, x_1 = 6$，第 4 近似根 x_4 まで．

(2) ① $x^2 - 5x + 6 = 0$，初期値 $x_0 = 0, x_1 = 1$，第 3 近似根 x_3 まで．

② $x^2 - 5x + 6 = 0$，初期値 $x_0 = 5, x_1 = 4$，第 3 近似根 x_3 まで．

(3) ① $x^2 - 6x + 8 = 0$，初期値 $x_0 = 0, x_1 = 1$，第 3 近似根 x_3 まで．

② $x^2 - 6x + 8 = 0$，初期値 $x_0 = 6, x_1 = 5$，第 3 近似根 x_3 まで．

(4) $x^2 - 5x + 4 = 0$，初期値 $x_0 = 8, x_1 = 7$，第 4 近似根 x_4 まで．

1.3 ［連立非線形方程式］ 次の連立非線形方程式の根をニュートン法を用いて求めよ．ただし，初期値（第 0 次根）を $x_0 = 1$，$y_0 = 1$ とし，第 2 近似根まで求めよ．

(1) $f(x) = x^3 + 2y - 14 = 0, \qquad g(x) = x - y^2 + 7 = 0$

(2) $f(x) = x^3 + 2y - 14 = 0, \qquad g(x) = x + y^2 - 11 = 0$

数値微分と数値積分

連続モデルと不連続モデル（離散値）との対応で考えると，微分は差分，積分は和分として取り扱うことができる．本章では，微分については 1 次や 2 次の微分係数の計算法を，積分についてはもっとも一般的な台形法，シンプソン法を説明し，さらにその応用としてフーリエ解析を説明する．

2.1 差分

2.1.1 差分の定義

ある連続関数 $y = f(x)$ $(a \leq x \leq b)$ において，区間 $[a, b]$ を n 等分し，その間隔を $h = (b - a)/n$ とする．こうすると，図 2.1 を参照して，第 1 差分と第 2 差分は次のように表される．

$$\left.\begin{aligned} \Delta y_0 &= y_1 - y_0 \\ \Delta y_1 &= y_2 - y_1 \\ &\vdots \\ \Delta y_{n-1} &= y_n - y_{n-1} \end{aligned}\right\} \text{第 1 差分}$$

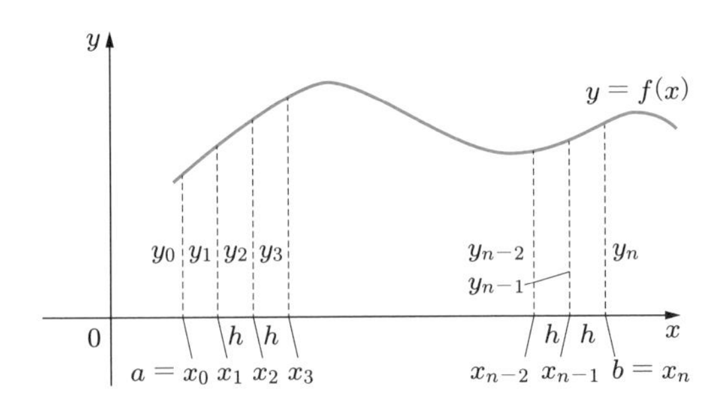

図 2.1　連続モデルと不連続モデル

$$\left.\begin{aligned}\Delta^2 y_0 &= \Delta y_1 - \Delta y_0\\ \Delta^2 y_1 &= \Delta y_2 - \Delta y_1\\ &\vdots\\ \Delta^2 y_{n-2} &= \Delta y_{n-1} - \Delta y_{n-2}\end{aligned}\right\}\text{第 2 差分}$$

そして，この考え方を拡張すると，一般に第 n 差分は次のようになる．

$$\Delta^n y_j = \Delta^{n-1} y_{j+1} - \Delta^{n-1} y_j \tag{2.1}$$

ここで，

$$K^m y_j = y_{j+m} \tag{2.2}$$

を導入して式 (2.1) を離散値だけで表してみると次のようになる．

$$\begin{aligned}\Delta y_j &= y_{j+1} - y_j = K y_j - y_j = (K-1) y_j\\ \Delta^2 y_j &= \Delta y_{j+1} - \Delta y_j\\ &= (y_{j+2} - y_{j+1}) - (y_{j+1} - y_j)\\ &= y_{j+2} - 2y_{j+1} + y_j\\ &= (K^2 - 2K + 1) y_j = (K-1)^2 y_j\\ &\ \ \vdots\\ \Delta^n y_j &= (K-1)^n y_j\\ &= \left\{K^n - \begin{pmatrix} n\\ 1\end{pmatrix} K^{n-1} + \begin{pmatrix} n\\ 2\end{pmatrix} K^{n-2} - \cdots + (-1)^n\right\} y_j\\ &= y_{j+n} - \begin{pmatrix} n\\ 1\end{pmatrix} y_{j+n-1} + \begin{pmatrix} n\\ 2\end{pmatrix} y_{j+n-2} - \cdots + (-1)^n y_j\end{aligned} \tag{2.3}$$

● 2.1.2 ● 種類と演算公式

以上に述べた差分については，いろいろな種類や演算公式があるので，以下に列挙しておくことにする．

(1) 種類

1. 前進差分 $\Delta y_j = y_{j+1} - y_j; \Delta^n y_j = \Delta^{n-1} y_{j+1} - \Delta^{n-1} y_j$
2. 後進差分 $\Delta y_{j+1} = y_{j+1} - y_j; \Delta^n y_{j+1} = \Delta^{n-1} y_{j+1} - \Delta^{n-1} y_j$
3. 中央差分 $\Delta y_{j+1/2} = y_{j+1} - y_j; \Delta^n y_{j+1/2} = \Delta^{n-1} y_{j+1} - \Delta^{n-1} y_j$

(2) 演算公式

1. $\Delta C = 0 \ (C = \mathrm{const.})$
2. $\Delta(f \pm g)_j = \Delta f_j \pm \Delta g_j$
3. $\Delta(C \cdot f)_j = C(\Delta f)_j$
4. $\Delta(f \cdot g)_j = f_{j+1} \cdot \Delta g_j + g_j \cdot \Delta f_j = f_j \cdot \Delta g_j + g_{j+1} \cdot \Delta f_j$
5. $\Delta \left(\dfrac{f}{g} \right)_j = \dfrac{g_j \cdot \Delta f_j - f_j \cdot \Delta g_j}{g_j \cdot g_{j+1}}$

2.2 数値微分

さて，微分オペレータ $D = \mathrm{d}/\mathrm{d}x$ を導入して差分を表すと，

$$\begin{aligned} Dy &= y^{(1)} \\ D^2 y &= D \cdot Dy = Dy^{(1)} = y^{(2)} \\ &\vdots \\ D^n y &= y^{(n)} \end{aligned} \tag{2.4}$$

となる．ここで，$h \ll 1$ に対してテイラー展開を行ってみると，

$$\begin{aligned} y(x+h) &= y(x) + hy^{(1)}(x) + \frac{h^2}{2!} y^{(2)}(x) + \cdots \\ &= \left\{ 1 + hD + \frac{(hD)^2}{2!} + \cdots \right\} y(x) \\ &= e^{hD} \cdot y(x) \end{aligned}$$

$$\Delta y = y(x+h) - y(x) = (e^{hD} - 1) y(x)$$

$$\Delta = e^{hD} - 1 \tag{2.5}$$

が導出できる．さらに，これを書き直して

$$hD = \ln(1 + \Delta) \tag{2.6}$$

$$= \Delta - \frac{1}{2}\Delta^2 + \frac{1}{3}\Delta^3 - \cdots \tag{2.7}$$

$$\left(\frac{\mathrm{d}y}{\mathrm{d}x} \right)_j = \frac{1}{h} \left(\Delta - \frac{1}{2}\Delta^2 + \frac{1}{3}\Delta^3 - \cdots \right) y_j \tag{2.8}$$

$$\simeq \frac{1}{h} \Delta y_j = \frac{y_{j+1} - y_j}{h} \tag{2.9}$$

と表すことができる．式 (2.8) 括弧内第 2 項目以降の打切り誤差を小さくし，精度を上げるためには式 (2.8) の第 2 項までとり，

$$\left(\frac{\mathrm{d}y}{\mathrm{d}x}\right)_j \simeq \frac{1}{h}\left(\Delta - \frac{1}{2}\Delta^2\right) y_j$$
$$= \frac{y_{j+1} - y_j}{h} - \frac{y_{j+2} - 2y_{j+1} + y_j}{2h}$$
$$= \frac{-y_{j+2} + 4y_{j+1} - 3y_j}{2h} \tag{2.10}$$

第 3 項までとると,

$$\left(\frac{\mathrm{d}y}{\mathrm{d}x}\right)_j \simeq \frac{1}{h}\left(\Delta - \frac{1}{2}\Delta^2 + \frac{1}{3}\Delta^3\right) y_j$$
$$= \frac{y_{j+1} - y_j}{h} - \frac{y_{j+2} - 2y_{j+1} + y_j}{2h} + \frac{y_{j+3} - 3y_{j+2} + 3y_{j+1} - y_j}{3h}$$
$$= \frac{2y_{j+3} - 9y_{j+2} + 18y_{j+1} - 11y_j}{6h} \tag{2.11}$$

となる．また，同様にして式 (2.6) を 2 乗し，

$$h^2D^2 = \{\ln(1+\Delta)\}^2$$
$$= \Delta^2 - \Delta^3 + \frac{11}{12}\Delta^4 - \frac{5}{6}\Delta^5 + \frac{137}{180}\Delta^6 - \cdots \tag{2.12}$$

とすると，これを用いて y に関する 2 次の微分は次のように求められる．

$$\left(\frac{\mathrm{d}^2y}{\mathrm{d}x^2}\right)_j = \frac{1}{h^2}\left(\Delta^2 - \Delta^3 + \frac{11}{12}\Delta^4 - \cdots\right) y_j \tag{2.13}$$
$$\simeq \frac{\Delta^2 y_j}{h^2} = \frac{y_{j+2} - 2y_{j+1} + y_j}{h^2} \tag{2.14}$$

このようにして得られた式 (2.9) および (2.14) は，関数値 y が離散的に与えられているとき，1 次微分および 2 次微分の値を数値的に求める公式として用いることができる．もちろん，第 n 次微分を求めることも同様の操作で容易である．

さて，1 次微分係数および 2 次微分係数を求める次の例題で行ってみよう．

例題 2.1

[数値微分]　次の関数の $x = 2$ における 1 次および 2 次微分係数を求めよ．

$$y = 2x^3 - 4x^2 + 6x$$

解答

[プログラム例]

```
# ------数値微分による 1次，2次の微分係数の算出------

# ------関数f(x)------
def f(x):
```

```
    return 2 * x ** 3 - 4 * x ** 2 + 6 * x


# ------1次微分係数の計算------
def first(x, h):
    d1 = f(x + h) - f(x)
    r1 = d1 / h
    return r1


# ------2次微分係数の計算------
def second(x, h):
    d2 = f(x + 2 * h) - 2.0 * f(x + h) + f(x)
    r2 = d2 / h ** 2
    return r2

# ------入力------
h = float(input("微小区間を代入してください "))

# ------x座標------
x = 2

# ------結果の出力------
print("x \t    ", x)
print("微小区間h  ", h)
print("1次微分係数", first(x, h))
print("2次微分係数", second(x, h))
```

このプログラムでの入力の一例と出力結果は以下のようになる．

【入力】

```
微小区間を代入してください 0.01
```

【出力】

```
x           2
微小区間h    0.01
1次微分係数  14.08019999999972
2次微分係数  16.120000000086065
```

なお，微小区間の大きさにより数値微分の結果も変化するが，例題2.1の場合の真値（1次微分係数：14.0，2次微分係数：16.0）に対して，どのように収束するか検討してみると，図2.2のようになる．

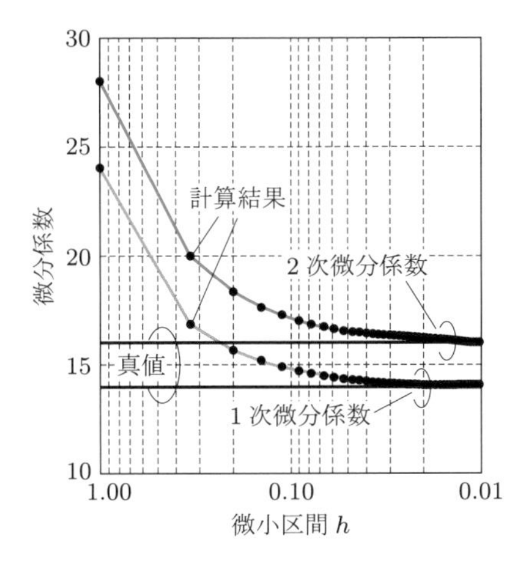

図 2.2 1 次微分係数および 2 次微分係数の収束性

2.3 数値積分

● 2.3.1 ● 台形法

区間 $[a,b]$ で連続な関数 $y=f(x)$ を等間隔に n 分割して，その分割点を，

$$x_0, x_1, x_2, \ldots, x_n \tag{2.15}$$

としたとき，その関数曲線上の点

$$(x_0, f(x_0)), (x_1, f(x_1)), \ldots, (x_n, f(x_n)) \tag{2.16}$$

を通る曲線の方程式を近似式で表したのが次式であり，ラグランジェの補間公式とよばれる．

$$\begin{aligned} f(x) &= \frac{(x-x_1)(x-x_2)\cdots(x-x_n)}{(x_0-x_1)(x_0-x_2)\cdots(x_0-x_n)} f(x_0) \\ &\quad + \frac{(x-x_0)(x-x_2)\cdots(x-x_n)}{(x_1-x_0)(x_1-x_2)\cdots(x_1-x_n)} f(x_1) + \cdots \\ &\quad + \frac{(x-x_0)(x-x_1)\cdots(x-x_{n-1})}{(x_n-x_0)(x_n-x_1)\cdots(x_n-x_{n-1})} f(x_n) \end{aligned} \tag{2.17}$$

ここでいま，区間 $[a,b]$ 内の 1 つの区間 $[x_i, x_{i+1}]$ を考えて，その区間 $(x_i, f(x_i))$ と $(x_{i+1}, f(x_{i+1}))$ の 2 点を結ぶ直線の方程式 $g(x)$ を式 (2.17) から求めると，

$$g(x) = \frac{x-x_{i+1}}{x_i-x_{i+1}} f(x_i) + \frac{x-x_i}{x_{i+1}-x_i} f(x_{i+1}) \tag{2.18}$$

となる．これより区間 $[x_i, x_{i+1}]$ の積分値は，この $g(x)$ を用いることにより

$$\int_{x_i}^{x_{i+1}} f(x)\,\mathrm{d}x \simeq \int_{x_i}^{x_{i+1}} g(x)\,\mathrm{d}x = \frac{h}{2}(y_i + y_{i+1}) \tag{2.19}$$

となる．ここで，h は $x_{i+1} - x_i$ である．

このように，式 (2.19) が導かれる過程を説明してみよう．すなわち，

$$\begin{aligned}
\int_{x_i}^{x_{i+1}} f(x) &\simeq \int_{x_i}^{x_{i+1}} g(x)\,\mathrm{d}x \\
&= \frac{f(x_i)}{x_i - x_{i+1}} \int_{x_i}^{x_{i+1}} (x - x_{i+1})\,\mathrm{d}x + \frac{f(x_{i+1})}{x_{i+1} - x_i} \int_{x_i}^{x_{i+1}} (x - x_i)\,\mathrm{d}x \\
&= \frac{f(x_i)}{x_i - x_{i+1}} \left[\frac{1}{2}x^2 - x_{i+1}x\right]_{x_i}^{x_{i+1}} + \frac{f(x_{i+1})}{x_{i+1} - x_i} \left[\frac{1}{2}x^2 - x_i x\right]_{x_i}^{x_{i+1}} \\
&= \frac{1}{2}(x_{i+1} - x_i)\{f(x_i) + f(x_{i+1})\}
\end{aligned}$$

となる．そして，この結果に対して，

$$x_{i+1} - x_i = h, \qquad f(x_i) = y_i, \qquad f(x_{i+1}) = y_{i+1}$$

とおくと，

$$\int_{x_i}^{x_{i+1}} f(x)\,\mathrm{d}x \simeq \frac{h}{2}(y_i + y_{i+1})$$

となることがわかる．この結果，積分は，高さ h，上底 y_{i+1}，および下底 y_i の台形の面積を表すことになる．このことから，これを台形法とよぶ．これを図に表すと図 2.3 のようになる．

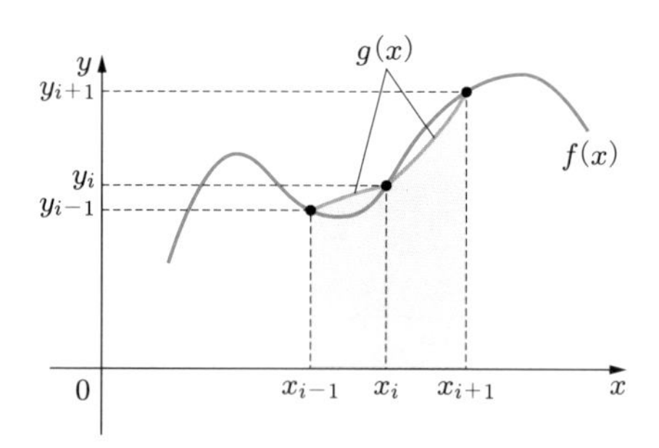

図 2.3　台形法の概要

以上の議論を一般的な区間 $[a, b]$ で考えて n 等分すると，微小区間 h は

$$h = \frac{b-a}{n} \quad (a = x_0 < x_1 < x_2 < \cdots < x_{n-1} < x_n = b) \tag{2.20}$$

となり，各区間 $[x_0, x_1]$，$[x_1, x_2]$，$[x_2, x_3]$，…，$[x_{n-1}, x_n]$ の各微小台形の面積の総和は，

$$
\begin{aligned}
\int_a^b f(x)\,\mathrm{d}x &\simeq \frac{h}{2}\left\{\sum_{i=1}^{n}(y_{i-1}+y_i)\right\} \\
&= \frac{h}{2}\{(y_0+y_1)+(y_1+y_2)+(y_2+y_3)+\cdots+(y_{n-1}+y_n)\} \\
&= \frac{h}{2}\{(y_0+y_n)+2(y_1+y_2+y_3+\cdots+y_{n-1})\} \qquad (2.21)
\end{aligned}
$$

となる．

さて，台形公式 (2.19) を用いて積分するプログラムを考えてみよう．

[台形法]　次の関数を台形法により数値積分し，その結果を真値と比較せよ．ただし，区間は $[1,3]$ とし，微小区間 $h=0.2$（分割数 $n=10$）とする．

$$y = 3x^2 + 10$$

解答

[プログラム例]

```
# ------台形法による数値積分------

# ------関数f(x)------
def f(x):
    return 3 * x ** 2 + 10


# ------台形法------
def trapezoidal(a, b, n):
    h = (b - a) / n   # 微小区間
    G = h / 2 * ((f(a) + f(b)) + 2 * sum(f(a + h * i)
                for i in range(1, n)))
    return G, h


# ------区間の設定------
a = 1.0
b = 3.0

# ------入力------
n = int(input("定義域内の分割数 (整数)を代入してください"))

# ------結果の出力------
print("結果および微小区間hは", *trapezoidal(a, b, n))
print("分割数n", n)
```

このプログラムでの入力の一例と出力結果は以下のようになる．

【入力】

```
定義域内の分割数 (整数) を代入してください 10
```

【出力】

```
結果および微小区間h は 46.04, 0.2
分割数n 10
```

なお，例題 2.2 の積分の真値は 46 であるが，微小区間 h の変化に対する数値解析結果の真値への収束については，図 2.4 のようになる．

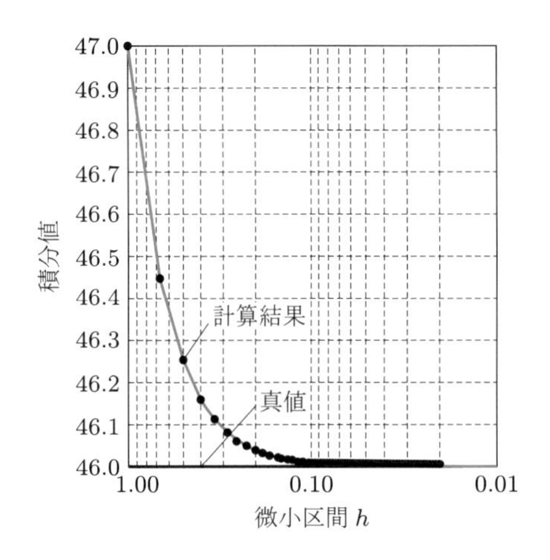

図 2.4 台形法による積分値の収束性

● 2.3.2 ● シンプソン法

図 2.5 に示すように，3 点 $(x_{i-1}, f(x_{i-1})), (x_i, f(x_i)), (x_{i+1}, f(x_{i+1}))$ を結ぶ方程式 $g(x)$ を式 (2.17) から求めると，

$$
\begin{aligned}
g(x) = & \frac{(x-x_i)(x-x_{i+1})}{(x_{i-1}-x_i)(x_{i-1}-x_{i+1})} f(x_{i-1}) + \frac{(x-x_{i-1})(x-x_{i+1})}{(x_i-x_{i-1})(x_i-x_{i+1})} f(x_i) \\
& + \frac{(x-x_{i-1})(x-x_i)}{(x_{i+1}-x_{i-1})(x_{i+1}-x_i)} f(x_{i+1})
\end{aligned}
\tag{2.22}
$$

となる．ゆえに，この $g(x)$ を用いると，

$$
\begin{aligned}
& \int_{x_{i-1}}^{x_{i+1}} f(x)\,\mathrm{d}x \simeq \int_{x_{i-1}}^{x_{i+1}} g(x)\,\mathrm{d}x \\
& = \int_{x_{i-1}}^{x_{i+1}} \left\{ \frac{(x-x_i)(x-x_{i+1})}{(x_{i-1}-x_i)(x_{i-1}-x_{i+1})} f(x_{i-1}) \right.
\end{aligned}
$$

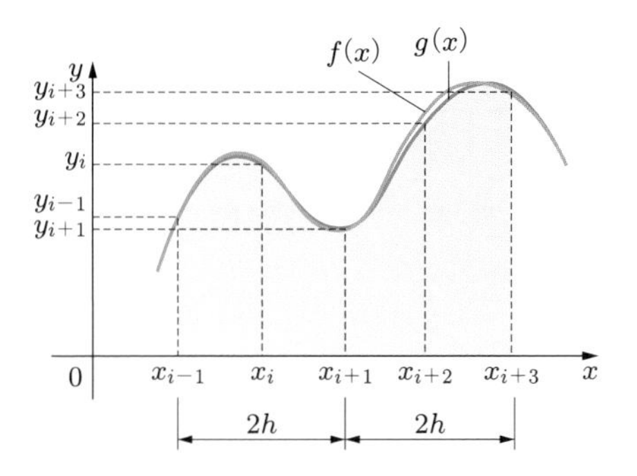

図 2.5 シンプソン法の概要

$$
+\frac{(x-x_{i-1})(x-x_{i+1})}{(x_i-x_{i-1})(x_i-x_{i+1})}f(x_i)+\frac{(x-x_{i-1})(x-x_i)}{(x_{i+1}-x_{i-1})(x_{i+1}-x_i)}f(x_{i+1})\Bigg\}\,\mathrm{d}x
$$
$$
=\frac{h}{3}(y_{i-1}+4y_i+y_{i+1})
$$

となる．ただし，$x_{i+1}-x_i = x_i-x_{i-1} = h$ である．同様に 3 点 (x_{i+1},y_{i+1}), (x_{i+2},y_{i+2}) および (x_{i+3},y_{i+3}) を結ぶ面積は次式のようになる．

$$
\int_{x_{i+1}}^{x_{i+3}} f(x)\,\mathrm{d}x \simeq \frac{h}{3}(y_{i+1}+4y_{i+2}+y_{i+3}) \tag{2.23}
$$

ここで，上式の導入について考えてみよう．すなわち，

$$
\int_{x_{i-1}}^{x_{i+1}} f(x)\,\mathrm{d}x \simeq \int_{x_{i-1}}^{x_{i+1}} g(x)\,\mathrm{d}x = \int_{x_{i-1}}^{x_{i+1}}\Bigg\{\frac{(x-x_i)(x-x_{i+1})}{(x_{i-1}-x_i)(x_{i-1}-x_{i+1})}f(x_{i-1})
$$
$$
+\frac{(x-x_{i-1})(x-x_{i+1})}{(x_i-x_{i-1})(x_i-x_{i+1})}f(x_i)
$$
$$
+\frac{(x-x_{i-1})(x-x_i)}{(x_{i+1}-x_{i-1})(x_{i+1}-x_i)}f(x_{i+1})\Bigg\}\,\mathrm{d}x
$$
$$
=\frac{f(x_{i-1})}{(x_{i-1}-x_i)(x_{i-1}-x_{i+1})}\int_{x_{i-1}}^{x_{i+1}}(x-x_i)(x-x_{i+1})\,\mathrm{d}x
$$
$$
+\frac{f(x_i)}{(x_i-x_{i-1})(x_i-x_{i+1})}\int_{x_{i-1}}^{x_{i+1}}(x-x_{i-1})(x-x_{i+1})\,\mathrm{d}x
$$
$$
+\frac{f(x_{i+1})}{(x_{i+1}-x_{i-1})(x_{i+1}-x_i)}\int_{x_{i-1}}^{x_{i+1}}(x-x_{i-1})(x-x_i)\,\mathrm{d}x
$$
$$
=\frac{(x_{i+1}-x_{i-1})f(x_{i-1})}{x_{i-1}-x_i}\cdot\frac{(x_{i+1}-x_i)-2(x_i-x_{i-1})}{6}
$$
$$
+\frac{(x_{i+1}-x_{i-1})f(x_i)}{(x_i-x_{i-1})(x_i-x_{i+1})}\cdot\frac{-(x_{i-1}-x_{i+1})^2}{6}
$$

$$+\frac{(x_{i+1}-x_{i-1})f(x_{i+1})}{x_{i+1}-x_i}\cdot\frac{2(x_{i+1}-x_i)-(x_i-x_{i-1})}{6}$$

となり，ここで，$x_{i+1}-x_i=x_i-x_{i-1}=h$，$f(x_i)=y_i$，$f(x_{i-1})=y_{i-1}$，$f(x_{i+1})=y_{i+1}$ とおくと，次式となることがわかる．

$$\begin{aligned}\int_{x_{i-1}}^{x_{i+1}} f(x)\,\mathrm{d}x &= \frac{2h\cdot y_{i-1}}{-h}\cdot\frac{h-2h}{6}+\frac{2h\cdot y_i}{h(-h)}\cdot\frac{-(-2h)^2}{6}+\frac{2h\cdot y_{i+1}}{h}\cdot\frac{2h-h}{6}\\ &= \frac{h}{3}y_{i-1}+\frac{4h}{3}y_i+\frac{h}{3}y_{i+1}\\ &= \frac{h}{3}(y_{i-1}+4y_i+y_{i+1})\end{aligned}$$

$$\int_{x_{i-1}}^{x_{i+1}} f(x)\,\mathrm{d}x \simeq \frac{h}{3}(y_{i-1}+4y_i+y_{i+1})$$

このような考察から一般に，積分区間 $[a,b]$ を $2n$ 等分して式 (2.23) を適用すると，

$$\begin{aligned}\int_{x_0}^{x_2} f(x)\,\mathrm{d}x &\simeq \frac{h}{3}(y_0+4y_1+y_2)\\ &\vdots\\ \int_{x_{2n-2}}^{x_{2n}} f(x)\,\mathrm{d}x &\simeq \frac{h}{3}(y_{2n-2}+4y_{2n-1}+y_{2n})\end{aligned}$$

となり，これらの総和をとると，

$$\begin{aligned}\int_{x_0}^{x_{2n}} f(x)\,\mathrm{d}x &\simeq \frac{h}{3}\{(y_0+4y_1+y_2)+(y_2+4y_3+y_4)+(y_4+4y_5+y_6)\\ &\quad+\cdots+(y_{2n-2}+4y_{2n-1}+y_{2n})\}\\ &= \frac{h}{3}\{y_0+2(y_2+y_4+y_6+\cdots+y_{2n-2})+4(y_1+y_3+y_5\\ &\quad+\cdots+y_{2n-1})+y_{2n}\}\end{aligned}$$

と求められる．これをシンプソン法のという．

さて，このシンプソン法を用いて積分するプログラムの一例を次の例題を用いて示してみよう．

例題 2.3　[シンプソン法]　次の関数をシンプソン法により数値積分し，その結果を真値と比較せよ．なお，積分区間は [0,1] とし，微小区間 $h=0.1$（分割数 $n=10$）とする．

$$y=\frac{4}{1+x^2}$$

解答

[プログラム例]

```
# ------シンプソン法による数値積分------

# ------関数f(x)------
def f(x):
    return 4 / (1 + x ** 2)


# ------シンプソン法------
def simpson(a, b, n):
    s1 = 0
    s2 = 0
    h = (b - a) / n     # 微小区間
    G = h / 3 * (f(a) + 2 * sum(s1 + f(a + i * h)
                 for i in range(2, n-1, 2))
                     + 4 * sum(s2 + f(a + i * h)
                 for i in range(1, n, 2)) + f(b))
    return G, h


# ------区間の設定------
a = 0.0
b = 1.0

# ------入力------
n = int(input("定義域内の分割数 (整数)を代入してください "))

# ------結果の出力------
print("結果および微小区間 h は", *simpson(a, b, n))
print("分割数 n", n)
```

このプログラムでの入力と出力結果は以下のようになる.

【入力】

```
定義域内の分割数 (整数)を代入してください 10
```

【出力】

```
結果および微小区間h は 3.141592613939215, 0.1
分割数n 10
```

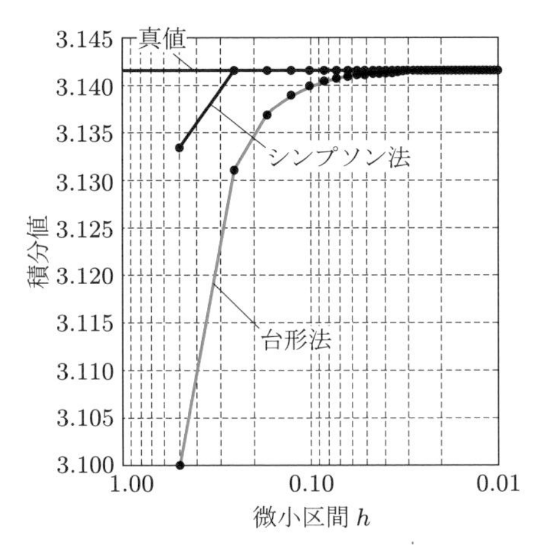

図 2.6　台形法による積分値の収束性

なお，例題 2.3 の積分の真値 3.14159 に対して，微小区間 h の変化に対する数値積分の結果の解の収束については，図 2.6 のようになる．また，シンプソン法による積分精度はよいとされているが，その検討のために台形法による積分結果も同図に示す．

2.4　DFT と FFT

任意の信号にどのような周波数成分が含まれているかを調べるのが周波数分析であり，任意のアナログ周波数信号に対する周波数分析の手法にフーリエ級数が定義されている．ここでは，まず，周波数分析の基本となるフーリエ級数について説明し，その後，ディジタル信号に対する周波数分析について説明する．

2.4.1 フーリエ級数

フーリエ級数とは，複雑な周期信号を単純な形の周期信号の和によって表したものである．周波数 ω を有する任意の周期信号を $f(t)$ とした場合，信号 $f(t)$ は周波数 ω と，その整数倍の周波数成分（$2\omega, 3\omega, \ldots, m\omega$ [Hz]）の無限和として表される．これを式で表すと，

$$
\begin{aligned}
f(t) &= a_0 + \{a_1\cos(\omega t) + a_2\cos(2\omega t) + \cdots + a_m\cos(m\omega t)\} \\
&\quad + \{b_1\sin(\omega t) + b_2\sin(2\omega t) + \cdots + b_m\sin(m\omega t)\} \\
&= a_0 + \sum_{m=1}^{\infty}\{a_m\cos(m\omega t) + b_m\sin(m\omega t)\} \qquad (2.24)
\end{aligned}
$$

となる．ここで，式 (2.24) において，a_0 は信号 $f(t)$ の直流成分の大きさ，$\cos\omega t$ および $\sin\omega t$ は基本波成分，$\cos(m\omega t)$ および $\sin(m\omega t)$ は高調波成分とよばれている．また，係数 a_m, b_m はフーリエ係数とよばれ，それぞれ周波数 $m\omega$ の cos 成分および sin 成分の振幅を表している．

次に，式 (2.24) を複素数を用いて表すと次のようになる．

$$
\begin{aligned}
f(t) &= a_0 + \sum_{m=1}^{\infty}\{a_m\cos(m\omega t) + b_m\sin(m\omega t)\} \\
&= \sum_{m=0}^{\infty} F(m)\cdot\exp(jm\omega t)
\end{aligned}
$$

この信号 $f(t)$ から複素フーリエ係数 $F(m)$ を求める式は，周期を T として

$$
\begin{aligned}
F(m) &= \frac{1}{T}\int_0^T f(t)\cdot\exp(-jm\omega t)\,\mathrm{d}t \\
&= \frac{1}{T}\int_0^T f(t)\cdot\cos(m\omega t)\,\mathrm{d}t - j\frac{1}{T}\int_0^T f(t)\cdot\sin(m\omega t)\,\mathrm{d}t
\end{aligned}
\tag{2.25}
$$

となる．

2.4.2 DFT

ディジタル信号に対する周波数分析の手法に，離散フーリエ変換（Discrete Fourie Transform：DFT）がある．またDFTの演算回数を減らし，DFTを高速に行う手法を高速フーリエ変換（Fast Fourie Transform：FFT）とよんでいる．ここでは，まず，FFTの基本となるDFTについて説明し，その後，DFTの高速化を図ったFFTについて説明する．

図2.7に示すように，サンプル値データ $f = f(n)$ $(n = 0, 1, 2, 3, \ldots, N)$ のDFTは

$$
F(k) = \frac{1}{N}\sum_{n=0}^{N-1} f(n)\exp\left(-j\frac{2\pi nk}{N}\right) \tag{2.26}
$$

で定義される．これはアナログ周期信号に対する複素フーリエ級数の式 (2.25) に相当する．

ここで，式 (2.26) を分解して cos 成分および sin 成分で表すと，

$$
\begin{aligned}
F(k) &= \frac{1}{N}\sum_{n=0}^{N-1} f(n)\exp\left(-j\frac{2\pi nk}{N}\right) \\
&= \frac{1}{N}\sum_{n=0}^{N-1} f(n)\cos\left(\frac{2\pi nk}{N}\right) - j\frac{1}{N}\sum_{n=0}^{N-1} f(n)\sin\left(\frac{2\pi nk}{N}\right)
\end{aligned}
\tag{2.27}
$$

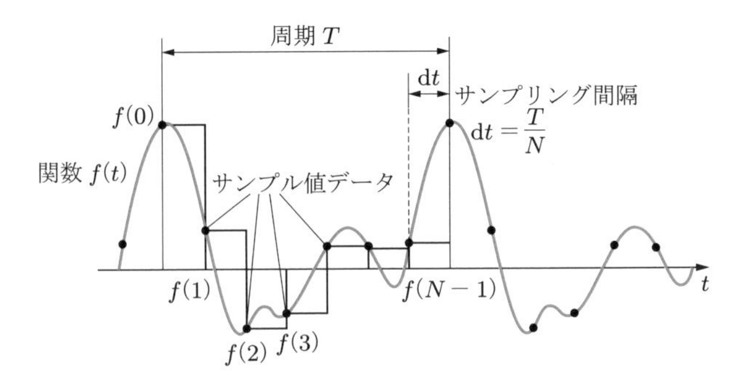

図 2.7　DFT

となり，式 (2.27) の右辺の第 1 項および第 2 項を

$$A_k = \frac{1}{N}\sum_{n=0}^{N-1} f(n)\cos\left(\frac{2\pi nk}{N}\right) \tag{2.28}$$

$$B_k = \frac{1}{N}\sum_{n=0}^{N-1} f(n)\sin\left(\frac{2\pi nk}{N}\right) \tag{2.29}$$

とおけば，A_k を DFT の実部，また B_k を DFT の虚部とよぶことができる．

また，$F(k)$ からもとの信号 $f(n)$ を求めることを，離散フーリエ逆変換とよび，

$$f(n) = \sum_{n=0}^{N-1} F(k)\exp\left(j\frac{2\pi nk}{N}\right)$$

で表す．

さらに，DFT である $F(k)$ における k の意味を考えてみると，

$k=0$ は直流成分

$k=1$ は基本波成分（または第 1 高調波成分）

$k=2$ は第 2 高調波成分

$k=3$ は第 3 高調波成分

⋮

となる．また，k の値と周波数の関係は次のようになる．すなわち，サンプリング間隔 Δt [s] でサンプリングされたディジタル信号 $f(n)$ において，サンプル数を N 個とすれば，周期 T は，

$$T = \Delta t \times N \text{ [s]}$$

である．ここで $n=0$ の点が 0 [s] の時点とすれば，

$$T = \Delta t \times (N-1)\,[\mathrm{s}]$$

となる．そして，DFT である $F(k)$ の k の変化に相当する周波数間隔 Δf は，

$$\Delta f = \frac{1}{\Delta t \times N}\,[\mathrm{Hz}]$$

となる．さらに，DFT の実部 A_k と 虚部 B_k から求められる振幅スペクトル，パワースペクトルおよび位相スペクトルについて説明することにする．

(1) 振幅スペクトル

DFT

$$F(k) = \frac{1}{N}\sum_{n=0}^{N-1} f(n)\exp\left(-j\frac{2\pi nk}{N}\right)$$

の実部，虚部は前項で述べたように，それぞれ式 (2.28)，(2.29) のように表され，その絶対値 $|F(k)|$

$$|F(k)| = \sqrt{A_k^2 + B_k^2}$$

は k 番目の成分の振幅であり，振幅スペクトルとよばれる．

(2) パワースペクトル

$F(k)$ の 2 乗値

$$|F(k)|^2 = A_k^2 + B_k^2$$

はパワースペクトルとよばれ，k 番目の成分のエネルギーを表している．

(3) 位相スペクトル

$F(k)$ の位相角

$$\arg(F(k)) = \tan^{-1}\left(\frac{B_k}{A_k}\right)$$

は k 番目の成分の，cos 成分に対する sin 成分の遅れ位相量を示している．これを位相スペクトルとよんでいる．

● 2.4.3 ● FFT

高速フーリエ変換（FFT）は，前述した式 (2.26) の DFT

$$F(k) = \frac{1}{N}\sum_{n=0}^{N-1} f(n)\exp\left(-j\frac{2\pi nk}{N}\right)$$

$$= \frac{1}{N}\sum_{n=0}^{N-1} f(n)W^{nk} \tag{2.30}$$

ここで，$W = \exp\left(-j\dfrac{2\pi}{N}\right)$

を高速に求めるもので，上式のサンプル値データ $f(n)$ と回転子 W^{nk} の乗算および，その $\sum$ に対する加減算回数を大幅に減少させたアルゴリズムである．ここでは，基本的な基数 2 の FFT について説明する．

さて，実際のデータ数 N が 2 の倍数である場合，N 個のデータ $x(n)$ $(n = 0, 1, 2, 3, \ldots, N-1)$ を図 2.8 に示すように 2 つに分割する．ここで，偶数番目のサンプルだけからなる数値列 $f(0), f(2), \ldots, f(N-2)$ を新しく $e(n)$ $(e(n) = f(2n))$ とし，また奇数番目のサンプルだけからなる数値列 $f(1), f(3), \ldots, f(N-1)$ を $h(n)$ $(h(n) = f(2n+1))$ とする．このとき，N 個のデータから構成される $f(n)$ の DFT である $F(k)$ は，次のように与えられる．

$$\begin{aligned} F(k) &= \frac{1}{N}\sum_{n=0}^{N-1} f(n)W^{nk} \\ &= \frac{1}{N}\left\{f(0)W^{0k} + f(2)W^{2k}f(4)W^{4k} + \cdots + f\left(2\left(\frac{N}{2}-1\right)\right)W^{2(N/2-1)k}\right. \\ &\quad \left. + f(1)W^{k} + f(3)W^{3k} + f(5)W^{5k} + \cdots + f\left(2\left(\frac{N}{2}-1\right)+1\right)W^{(2(N/2-1)+1)k}\right\} \\ &= \frac{1}{N}\sum_{n=0}^{N/2-1}\left\{e(n)W^{2nk} + h(n)W^{(2n+1)k}\right\} \end{aligned} \tag{2.31}$$

一方，$N' = N/2$ 個のデータから構成される $e(n)$, $h(n)$ の DFT である E_k, H_k は，次のように求められる．

$$E_k = \frac{1}{N}\sum_{n=0}^{N'-1} e(n){W'}^{nk}, \qquad H_k = \frac{1}{N}\sum_{n=0}^{N'-1} h(n){W'}^{nk} \tag{2.32}$$

さらに，$N' = N/2$ 個のデータに対する回転子 W' と，N 個のデータに対する転子 W は，次のように関係づけられているため，

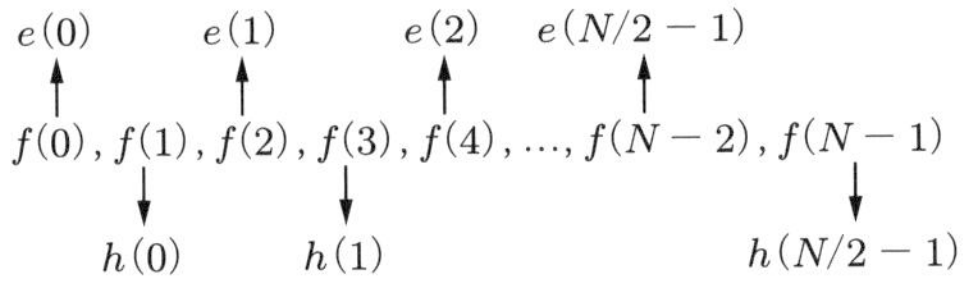

$e(0)$　$e(1)$　$e(2)$　$e(N/2-1)$

$f(0), f(1), f(2), f(3), f(4), \ldots, f(N-2), f(N-1)$

$h(0)$　$h(1)$　$h(N/2-1)$

図 2.8　偶数列 $e(n)$ と奇数列 $h(n)$

$$W' = \exp\left(-j\frac{2\pi}{N'}\right) = \exp\left(-j\frac{4\pi}{N}\right) = \exp\left(-j\frac{2\pi}{N}\right)^2 = W^2$$

と表される．したがって，式 (2.32) の DFT は，次式のように求められる．

$$E_k = \frac{1}{N}\sum_{n=0}^{N/2-1} e(n)W^{2nk}, \qquad H_k = \frac{1}{N}\sum_{n=0}^{N/2-1} h(n)W^{2nk}$$

この式を式 (2.31) へ代入すると，最終的に次式が求められることになる．

$$G_k = \frac{1}{N}\sum_{n=0}^{N/2-1} \{e(n)W^{2nk} + h(n)W^{(2n+1)k}\}$$
$$= \begin{cases} E_k + W^k H_k & \left(0 \le k \le \dfrac{N}{2} - 1\right) \\ E_{k-N/2} + W^k H_{k-N/2} & \left(\dfrac{N}{2} \le k \le N - 1\right) \end{cases} \tag{2.33}$$

この式は N 個のサンプル値データに対する DFT である G_k が，$N' = N/2$ 個から求められる 2 つの DFT，E_k，H_k から求められることを示しており，このようすを $N = 8$ の場合について図示したのが図 2.9 である．

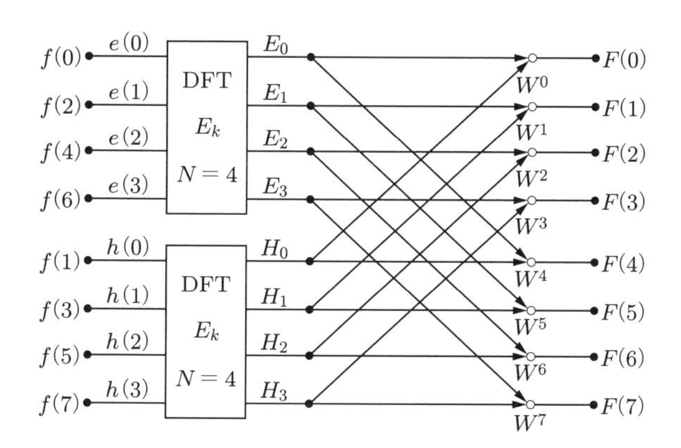

図 2.9　2 つの DFT(E_k, H_k) から G_k を求める方法（$N = 8$ の場合）

この図において，→ の上または下の，W^k は，各値に W^k を掛けることを意味し，たとえば $F(0)$ が $E_0 + W^0 H_0$ で，$F(1)$ が $E_1 + W^1 H_1, \ldots$ のように与えられることを図示している．すなわち，この図では 8 個のデータに対する DFT が 2 つの 4 個のデータから成る DFT の結果より求められることを示している．

G_k を直接 DFT 演算式より求めると，N^2 回の掛け算と足し算が必要であるが，それに対して式 (2.33) では，E_k，H_k を求めるのに，それぞれ $(N/2)^2$ 回の掛け算と足し算が必要であり，E_k，H_k を組み合わせて G_k を求めるには，N 回の掛け算，すな

わち N 回の W^k と H_k を掛ける演算と，N 回の足し算，すなわち E_k と W^kH_k の和を求める演算が必要となり，合計として，

$$N + 2 \times \left(\frac{N}{2}\right)^2 = N + \frac{N^2}{2}\ [\text{回}]$$

の掛け算と足し算で求められることになり，N が大きい場合，直接 N 個の DFT で求めるより約 1/2 の計算量で済むことになる．

さらに，$N/2$ が 2 で割れる場合は，E_k, H_k の DFT も G_k と同様にして計算量を減らすことができる．すなわち，$e(n)$, $h(n)$ の偶数番目のサンプルから成る数値列を $p(n)$, $q(n)$，奇数番目を $r(n)$, $s(n)$ とすると，$p(n)$, $q(n)$, $r(n)$ および $s(n)$ の各 DFT は次式で求められる．

$$P_k = \frac{1}{N}\sum_{n=0}^{N/4-1} p(n)W^{4nk}$$

$$Q_k = \frac{1}{N}\sum_{n=0}^{N/4-1} q(n)W^{4nk}$$

$$R_k = \frac{1}{N}\sum_{n=0}^{N/4-1} r(n)W^{4nk}$$

$$S_k = \frac{1}{N}\sum_{n=0}^{N/4-1} s(n)W^{4nk}$$

これより，E_k, H_k は次式のように求められる．

$$\begin{aligned}
E_k &= \frac{1}{N}\sum_{n=0}^{N/2-1} e(n)W^{2nk} \\
&= \frac{1}{N}\sum_{n=0}^{N/4-1} \{p(n)W^{4nk} + r(n)W^{(4n+2)k}\} \\
&= \begin{cases} P_k + W^{2k}R_k & \left(0 \le k \le \dfrac{N}{4} - 1\right) \\ P_{k-N/4} + W^{2k}R_{k-N/4} & \left(\dfrac{N}{4} \le k \le \dfrac{N}{2} - 1\right) \end{cases}
\end{aligned}$$

$$H_k = \begin{cases} Q_k + W^{2k}S_k & \left(0 \le k \le \dfrac{N}{4} - 1\right) \\ Q_{k-N/4} + W^{2k}S_{k-N/4} & \left(\dfrac{N}{4} \le k \le \dfrac{N}{2} - 1\right) \end{cases}$$

このように，E_k, H_k が $p(n)$, $q(n)$, $r(n)$, $s(n)$ から求められるようすを，図 2.10 に示す．以下同様にして，$N/4$ が 2 で割れるときは，さらに計算量を減少することが可

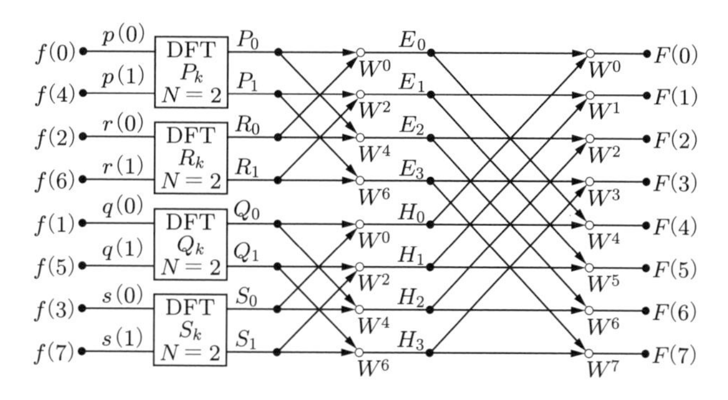

図 2.10　4 つの DFT(P_k, R_k, Q_k, S_k) から G_k を求める方法（$N = 8$ の場合）

能となる．このように，FFT のアルゴリズムにおいては，データの 2 分割を繰り返す方法であるため，任意のデータ数が選択できる DFT と異なり，データ数 N は 2^k のみ有効となる欠点がある．しかし，DFT の場合はデータ数 N が増加するに従って，N^2 に比例して計算時間が増大するのに対し，FFT では $N \log N$ ですむため，計算時間が大幅に短縮できる．

次に FFT 変換においては，各段においてデータを偶数項と奇数項に分離し，奇数番目のデータを偶数番目のデータの後方に移し換える操作を導入する．その結果，サンプル値データ $f(n)$ は，

$$f(0), f(4), f(2), f(6), f(1), f(5), f(3), f(7)$$

の順序に並び換えられる．ここでこのような入力データの並び換えの操作は，n 番目のデータ $f(n)$ において n が 2 進数 $b_1, b_2, \ldots, b_l$ と表示された場合，2 進数で前後のビット符号を反転した $b_l, b_{l-1}, \ldots, b_2, b_1$ となる番号へ移動することが可能となる．

たとえば N=8 の場合について表 2.1 に示すが，$f(4)$ は $4=(100)_{2\text{進}}$ となるので，$(100)_{2\text{進}}= 1$，すなわち $f(1)$ のデータの位置へ移動すればよいことになる．このよう

表 2.1　$N = 8$ におけるビット反転

入力並び	2 進表示	ビット反転	データ並び
0	000	000	0
1	001	100	4
2	010	010	2
3	011	110	6
4	100	001	1
5	101	101	5
6	110	011	3
7	111	111	7

な反転操作をビット反転（bit reversal）という．基数2のFFTでは，データ数が2^Nであれば同様に処理が行え，たとえば，$N=16$の場合は，データ列をビット反転操作で並び替えを行うことにより，データ順序$0, 8, 4, 12, \ldots$が求められる．

さて，次の例題を用いて，実際にFFTによる周波数分析を行ってみよう．

[FFT]　図2.11に示す矩形パルスをフーリエ変換し，Tおよび$4T$のパワースペクトルを求めよ．ただし，周波数$f(=1/T)$は100[Hz]，サンプリング間隔dtは10^{-4}[s]とする．

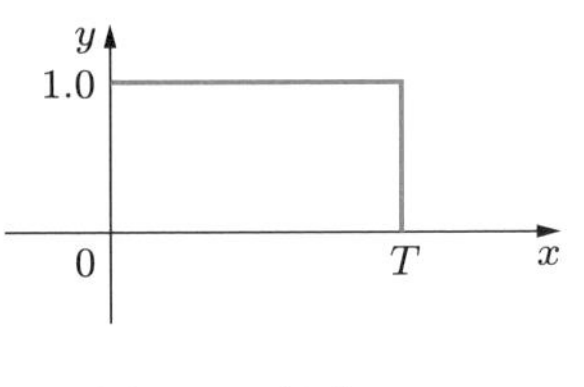

図2.11　矩形パルス

解答

[プログラム例]

```
# ------FFTによる周波数分析------
import numpy as np
import matplotlib.pyplot as plt

# FFT
def fft_method(t):
    # 初期値設定
    jj = t / dt
    frq = np.array([])
    rreal = np.zeros(n)
    cimag = np.zeros(n)
    amp = np.zeros(n)
    power = np.array([])
    a = np.zeros(n, dtype=np.complex)
    tt = complex(0, 0)
    j = 0
    # 矩形パルス
    a[:int(jj)] = 1.0

    # ------入力ビット反転-------
    for i in range(n-1):
        if i < j:
            a[j], a[i] = a[i], a[j]
        k = n / 2

        while k < j + 1:
            j = j - k
            k = k / 2
        j = int(j + k)
```

```
    for m in range(1, p + 1):
        le = 2 ** m
        le1 = int(le / 2)
        u = 1 + 0j
        c = np.cos(np.pi / le1)
        s = -1 * np.sin(np.pi / le1)
        w = complex(c, s)

        for j in range(1, le1 + 1):
            for i in range(j - 1, n, le):
                ip = int(i + le1)
                tt = a[ip] * u
                a[ip] = a[i] - tt
                a[i] = a[i] + tt
            u = u * w

    df = 1 / (dt * n)

    for i in range(int(n / 2) + 1):
        frq = np.append(frq, i * df)
        rreal[i] = a[i].real / jj
        cimag[i] = a[i].imag / jj
        amp[i] = np.sqrt(rreal[i] ** 2 +cimag[i] ** 2)
        power = np.append(power, rreal[i] ** 2 + cimag[i] ** 2)
    return frq, power


# ------理論値------
def theory_ft_method(t):
    theory_freq = np.linspace(0, 200, 101)    # 理論値の周波数
    theory_omega = 2 * np.pi * theory_freq    # 各周波数
    theory_p_s = 1 / theory_omega[1:] \
        * (1j * np.cos(t * theory_omega[1:])
           + np.sin(t * theory_omega[1:]) - 1j)
                                                 # フーリエ変換
    theory_p_s = np.append(t, theory_p_s) / t    # ω=0の際の値
    return theory_freq, theory_p_s

# ------入力------
t_1 = float(input("周期を入力してください [s] "))
dt = float(input("離散時間を代入してください [s] "))
t_4 = 4 * t_1    # 周期
p = 13
n = 2 ** p

# -----計算-----
# FFT
fft_freq_1 = fft_method(t_1)[0]    # 1T
```

```
F_1 = fft_method(t_1)[1]

fft_freq_4 = fft_method(t_4)[0]    # 4T
F_4 = fft_method(t_4)[1]
# theory
theory_freq_1 = theory_ft_method(t_1)[0]    # 1T
theory_p_s_1 = theory_ft_method(t_1)[1]

theory_freq_4 = theory_ft_method(t_4)[0]    # 4T
theory_p_s_4 = theory_ft_method(t_4)[1]

# ------出力 (グラフの描画)------
fig = plt.figure(figsize=(8.0, 6.0))    # グラフサイズの設定
# 理論値
plt.plot(theory_freq_1, np.abs(theory_p_s_1) ** 2, color="k",
         label="Theory value")
plt.plot(theory_freq_4, np.abs(theory_p_s_4) ** 2, color="k")
# FFT
plt.scatter(fft_freq_1[:int(n/2)], f_1[:int(n/2)], marker="o",
            color="r", label="FFT")
plt.scatter(fft_freq_4[:int(n/2)], f_4[:int(n/2)], marker="o",
            color="r")
# グラフの設定
# 軸の設定
plt.xlabel("Frequency [Hz]")
plt.ylabel("Power Spectrum")
plt.xlim(0, 200)
plt.ylim(0, 1)

# グリッドの表示
plt.grid(True)
# 凡例の表示
plt.legend()

plt.show()
```

このプログラムでの入力は以下のようになる．また，出力結果は図 2.12 のようになる．

【入力】

```
周期を代入してください [s] 0.01
離散時間を代入してください [s] 1E-4
```

【出力】

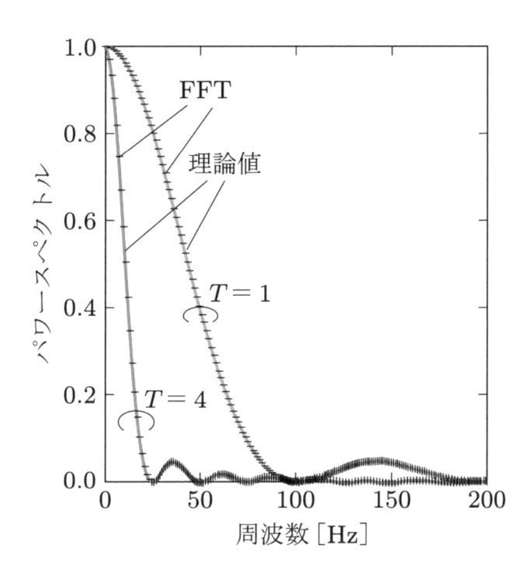

図 2.12 矩形パルスの周波数解析

ちなみに，数値計算ライブラリである NumPy の FFT モジュールを用いれば以下のように書き換えられる．

[プログラム例]

```
# ------NumPy による FFT------
def fft_metod(t):
    jj = t / dt
    # 矩形パルス
    a = np.zeros(n)
    a[:int(jj)] = 1   # 対象の区間で 1

    frq = np.fft.fftfreq(n, d=dt)              # FFT の周波数
    power = np.abs(np.fft.fft(a)/jj) ** 2     # FFT
    return frq, power
```

○ 演習問題 ○

2.1 [微分係数]　式 (2.8) について次の ① ～③ の場合における (1)～(6) の微分係数を数値微分により求めよ．ただし，微小区間 $h = 1$ とする．

① 第 1 項までとった場合

② 第 2 項までとった場合

③ 第 3 項までとった場合

(1) $y = x^3 + x$ の $x = 1$　　(2) $y = x^3 + 3x$ の $x = 1$

(3) $y = x^3 + 2x$ の $x = 1$　　(4) $y = 2x^3 + x$ の $x = 1$

(5) $y = 3x^3 + x$ の $x = 1$　　(6) $y = x^3 + 4x$ の $x = 1$

2.2 [ラグランジェ補間]　次の点を通る曲線をラグランジェ補間を用いて求めよ．

(1) 点 (0,2), (1,1), (2,4)　　(2) 点 (0,2), (1,−1), (2,6)

(3) 点 (0,4), (1,−1), (2,2)

2.3 [台形およびシンプソン法]　次の式を台形法およびシンプソン法で求めよ．ただし，微小区間 $h = 1$ とする．

(1) $\displaystyle\int_0^6 x^2 + 3x + 1 \ \mathrm{d}x$　　(2) $\displaystyle\int_0^6 x^2 + 2x + 2 \ \mathrm{d}x$

(3) $\displaystyle\int_0^6 x^2 + x + 1 \ \mathrm{d}x$　　(4) $\displaystyle\int_0^6 x^3 + 2 \ \mathrm{d}x$

第3章 連立1次方程式

未知数が少ない連立１次方程式の厳密解は容易に求められるが，未知数が多い場合には膨大な演算となる．本章では，少ない演算で効率的に解を求める方法について説明する．

3.1 基礎事項

連立１次方程式は一般に

$$\begin{aligned} a_{11}x_1 + a_{12}x_2 + a_{13}x_3 + \cdots + a_{1n}x_n &= b_1 \\ a_{21}x_1 + a_{22}x_2 + a_{23}x_3 + \cdots + a_{2n}x_n &= b_2 \\ \vdots \qquad\qquad & \quad \vdots \\ a_{n1}x_1 + a_{n2}x_2 + a_{n3}x_3 + \cdots + a_{nn}x_n &= b_n \end{aligned} \tag{3.1}$$

の形で表され，さらに，行列およびベクトルを用いて表すと次のようになる．

$$A\boldsymbol{x} = \boldsymbol{b} \tag{3.2}$$

ここで，$A, \boldsymbol{x}$ および $\boldsymbol{b}$ の各要素は次のように表される．

$$A = \begin{bmatrix} a_{11} & \cdots & a_{1n} \\ \vdots & \ddots & \vdots \\ a_{n1} & \cdots & a_{nn} \end{bmatrix}, \qquad \boldsymbol{b} = \begin{bmatrix} b_1 \\ \vdots \\ b_n \end{bmatrix}, \qquad \boldsymbol{x} = \begin{bmatrix} x_1 \\ \vdots \\ x_n \end{bmatrix}$$

A は n 行 n 列の係数正方行列，$\boldsymbol{x}$ は未知ベクトル，$\boldsymbol{b}$ は既知ベクトルである．

このような連立１次方程式の解を，数値計算的に求める手法としては，大きく，直接法と反復法に分けることができ，それぞれは表 3.1 のように大別できる．

表 3.1　連立１次方程式の解法例

直接法	反復法
ガウスの消去法	ヤコビ法
掃き出し法	ガウス・ザイデル法
コレスキー法	緩和法
ドゥリトル法	共役勾配法

これらの各手法の中からここでは一例として，緩和法，掃き出し法およびガウス・ザイデル法について説明する．

3.2 緩和法

多元連立1次方程式は式 (3.2) より以下のように表される．

$$\begin{bmatrix} a_{11} & a_{12} & \cdots & a_{1n} \\ a_{21} & a_{22} & \cdots & a_{2n} \\ \vdots & \vdots & \ddots & \vdots \\ a_{n1} & a_{n2} & \cdots & a_{nn} \end{bmatrix} \begin{bmatrix} x_1 \\ x_2 \\ \vdots \\ x_n \end{bmatrix} = \begin{bmatrix} b_1 \\ b_2 \\ \vdots \\ b_n \end{bmatrix} \tag{3.3}$$

ただし，要素 a_{ij}, b_i は既知，x_i が未知数である．いま，任意に出発値 $x_1^*, x_2^*, \ldots, x_n^*$ をそれぞれ $x_1, x_2, \ldots, x_n$ の代わりに式 (3.3) に代入すると，当然（よほどの偶然でないかぎり）式 (3.3) は成り立たない．そこで，そのくい違い（残差）を e_i として，

$$e_i = (a_{i1}x_1^* + a_{i2}x_2^* + \cdots + a_{in}x_n^*) - b_i \quad (i = 1, \ldots, n) \tag{3.4}$$

をとって，$e_1, e_2, \ldots, e_n$ を見比べ，絶対値が最大となる e_i を探し，これが最小になるように補正量 δx_i を選択し，前の x_i^* を $x_i^* + \delta x_i$ に替える．すると，次には別の $|e_k|$ が増加してくる．これをまた最小になるように修正した $x_k^* + \delta x_k$ を代入する．このような操作，つまりトップに抜きん出ようとする位を次々に小さくして最下段にひきずり落とすことを繰り返すと，最後に残差は全体的にきわめて小さくなり，式 (3.3) を満たす厳密解に近い解 $x_1, x_2, \ldots, x_n$ が見つけられる．これを緩和法という．以上のプロセスを模式的に示すと，図 3.1 のようになる．図では，矢印のついた部分の残差の絶対値を最小にするように，$x_3^*, x_2^*, x_1^*, x_3^*$ と順に補正を加えている．

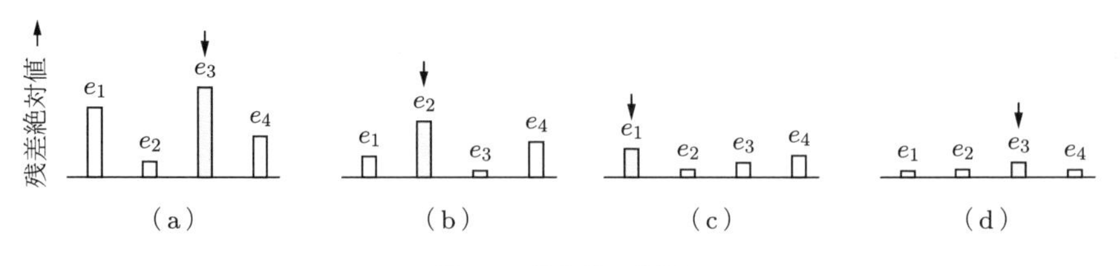

図 3.1　緩和法の概要

ただし，残差を急激にゼロレベルに落すほど補正を多くすると，その反動で他の残差がとび出してしまうので補正量は少なめにし，何度もようすを見ながら行うほうが収束がよいことが知られている．一例として，次の連立1次方程式を緩和法を用いて

解く過程について説明してみよう．

$$
\begin{aligned}
&(15x + y - 2z) = 67 \\
&(x - 8y + 3z) = 30 \\
&(3x - 5y + 21z) = 88
\end{aligned}
\tag{3.5}
$$

残差は

$$
\text{残差式}\begin{cases}
e_1 = (15x + y - 2z) - 67 \\
e_2 = (x - 8y + 3z) - 30 \\
e_3 = (3x - 5y + 21z) - 88
\end{cases}
\tag{3.6}
$$

と表せるので，根の推定過程は表 3.2 のようになる．

このようにして，出発値 $x^* = y^* = z^* = 0$ として，残差と補正量が求められ，解は $x = 5, y = -2, z = 3$ となることがわかる．

表 3.2　根の推定過程

		根の推定値			残差			補正量		
		x	y	z	e_1	e_2	e_3	δx	δy	δz
手順回数	出発	0	0	0	−67	−30	−88	0	0	0
	1	0	0	4	−75	−18	−4	0	0	4
	2	5	0	4	0	−13	11	5	0	0
	3	5	−1.5	4	−1.5	−1	18.5	0	−1.5	0
	4	5	−1.5	3	0.5	−4	−2.5	0	0	−1
	5	5	−2	3	0	0	0	0	−0.5	0

3.3　掃き出し法

掃き出し法は，各係数の消去の操作を終えるとその時点ですべての解が得られるのが特徴である．すなわち式 (3.1) の第 1 行の両辺を a_{11} で割ると，次式が得られる．

$$
\begin{aligned}
x_1 + a_{12}^{(1)}x_2 + a_{13}^{(1)}x_3 + \cdots + a_{1n}^{(1)}x_n &= b_1^{(1)} \\
a_{21}x_1 + a_{22}x_2 + a_{23}x_3 + \cdots + a_{2n}x_n &= b_2 \\
\vdots \qquad\qquad &\quad \vdots \\
a_{n1}x_1 + a_{n2}x_2 + a_{n3}x_3 + \cdots + a_{nn}x_n &= b_n
\end{aligned}
\tag{3.7}
$$

次に，式 (3.7) の第 1 行に第 k 行 $(k = 2, 3, \ldots, n)$ の x_1 の係数 a_{k1} を掛け，それらを第 k 行から引いて x_1 の係数 a_{k1} を消去する．

$$
\begin{aligned}
x_1 + a_{12}^{(1)} x_2 + a_{13}^{(1)} x_3 + \cdots + a_{1n}^{(1)} x_n &= b_1^{(1)} \\
a_{22}^{(1)} x_2 + a_{23}^{(1)} x_3 + \cdots + a_{2n}^{(1)} x_n &= b_2^{(1)} \\
\vdots \qquad\qquad & \quad \vdots \\
a_{n2}^{(1)} x_2 + a_{n3}^{(1)} x_3 + \cdots + a_{nn}^{(1)} x_n &= b_n^{(1)}
\end{aligned} \tag{3.8}
$$

ただし，以上の操作から $a_{ij}^{(1)}$ および $b_i^{(1)}$ は新しい係数を表している．さらに同様の操作で，第 2 行を $a_{22}^{(1)}$ で割り，得られた第 2 行を用いて第 1 行および第 k 行の式 $(k = 1, 3, 4, \ldots, n)$ の x_2 の係数を式 (3.8) と同様に消去すると，

$$
\begin{aligned}
x_1 + 0 + a_{13}^{(2)} + \cdots + a_{1n}^{(2)} x_n &= b_1^{(2)} \\
x_2 + a_{23}^{(2)} x_3 + \cdots + a_{2n}^{(2)} x_n &= b_2^{(2)} \\
\vdots \qquad\qquad & \quad \vdots \\
a_{n3}^{(2)} x_3 + \cdots + a_{nn}^{(2)} x_n &= b_n^{(2)}
\end{aligned} \tag{3.9}
$$

となる．以下同様の操作を x_3 から x_n までの係数について行うと，

$$
\begin{bmatrix} x_1 \\ x_2 \\ x_3 \\ \vdots \\ x_n \end{bmatrix} = \begin{bmatrix} b_1^{(n)} \\ b_2^{(n)} \\ b_3^{(n)} \\ \vdots \\ b_n^{(n)} \end{bmatrix} \tag{3.10}
$$

となり，この結果，x_1 から x_n の解が

$$
x_1 = b_1^{(n)}, \qquad x_2 = b_2^{(n)}, \qquad x_n = b_n^{(n)} \tag{3.11}
$$

の形で求められる．このような過程を一般的に表すと，第 k 段階における要素 $a_{ij}^{(k)}$ および $b_i^{(k)}$ は

$$
\left.
\begin{aligned}
a_{kj}^{(k)} &= \frac{a_{kj}^{(k-1)}}{a_{kk}^{(k-1)}} \\
b_k^{(k)} &= \frac{b_k^{(k-1)}}{a_{kk}^{(k-1)}}
\end{aligned}
\right\} \quad (j = k+1, k+2, \ldots, n) \tag{3.12}
$$

$$
\left.
\begin{aligned}
a_{ij}^{(k)} &= a_{ij}^{(k-1)} - a_{ik}^{(k-1)} \cdot a_{kj}^{(k)} \\
b_i^{(k)} &= b_i^{(k-1)} - a_{ik}^{(k-1)} \cdot b_k^{(k)}
\end{aligned}
\right\} \quad \begin{aligned}(j &= k+1, k+2, \ldots, n, \\ i &= 1, 2, \ldots, n, i \neq k)\end{aligned} \tag{3.13}
$$

で与えられ，この一般式を用いてプログラミングは容易に行うことができる．

なお，この方法では係数行列を対角化して前進消去過程だけで解を求めているが，係数行列を三角行列に変形し，逆進代入過程で解を求めるのがガウスの消去法である．

一例として，ガウスの消去法を用いて，次の 3 元連立 1 次方程式を解いてみよう．すなわち方程式は，

$$a_{11}x_1 + a_{12}x_2 + a_{13}x_3 = b_1 \tag{3.14}$$

$$a_{21}x_1 + a_{22}x_2 + a_{23}x_3 = b_2 \tag{3.15}$$

$$a_{31}x_1 + a_{32}x_2 + a_{33}x_3 = b_3 \tag{3.16}$$

であり，式 (3.14) を a_{11} で割ると，

$$x_1 + \frac{a_{12}}{a_{11}}x_2 + \frac{a_{13}}{a_{11}}x_3 = \frac{1}{a_{11}}b_1 \tag{3.17}$$

となり，この式 (3.17) に a_{21} を掛けて式 (3.15) より引くと次のようになる．

$$\left(a_{22} - \frac{a_{21}a_{12}}{a_{11}}\right)x_2 + \left(a_{23} - \frac{a_{21}a_{13}}{a_{11}}\right)x_3 = b_2 - \frac{a_{21}}{a_{11}}b_1 \tag{3.18}$$

同様に式 (3.17) に a_{31} を掛けて式 (3.16) より引くと，

$$\left(a_{32} - \frac{a_{31}a_{12}}{a_{11}}\right)x_2 + \left(a_{33} - \frac{a_{31}a_{13}}{a_{11}}\right)x_3 = b_3 - \frac{a_{31}}{a_{11}}b_1 \tag{3.19}$$

となり，これら式 (3.17)〜(3.19) において，新たな係数に添字 (1) をつけて整理すると次のようになる．

$$x_1 + a_{12}^{(1)}x_2 + a_{13}^{(1)}x_3 = b_1^{(1)} \tag{3.20}$$

$$a_{22}^{(1)}x_2 + a_{23}^{(1)}x_3 = b_2^{(1)} \tag{3.21}$$

$$a_{32}^{(1)}x_2 + a_{33}^{(1)}x_3 = b_3^{(1)} \tag{3.22}$$

ここで，同様に式 (3.21) を $a_{22}^{(1)}$ で割り，それに $a_{32}^{(1)}$ を掛けて式 (3.22) から引くと，

$$\left(a_{33}^{(1)} - \frac{a_{23}^{(1)}a_{32}^{(1)}}{a_{22}^{(1)}}\right)x_3 = b_3^{(1)} - \frac{a_{32}^{(1)}}{a_{22}^{(1)}}b_2^{(1)} \tag{3.23}$$

となり，これより次の 2 式を得る．

$$x_2 + a_{23}^{(2)}x_3 = b_2^{(2)} \tag{3.24}$$

$$a_{33}^{(2)}x_3 = b_3^{(2)} \tag{3.25}$$

以上を整理すると，

$$x_1 + a_{12}^{(1)}x_2 + a_{13}^{(1)}x_3 = b_1^{(1)} \tag{3.26}$$

$$x_2 + a_{23}^{(2)}x_3 = b_2^{(2)} \tag{3.27}$$

$$x_3 = b_3^{(3)} \tag{3.28}$$

となり，x_1〜x_3 を順次求めることができる．

例題 3.1 [ガウスの消去法]　図3.2に示す回路において，ガウスの消去法をプログラム化し，電流 i_1, i_2, i_3 を求めよ．このとき，電流 i_1, i_2, i_3 は次の3元連立1次方程式を解いて得られる．

$$
\begin{aligned}
100i_1 - 300i_2 - 600i_3 &= 0 \\
100i_2 - 400i_3 &= 0 \\
100i_1 + 200i_2 + 600i_3 &= 10
\end{aligned}
$$

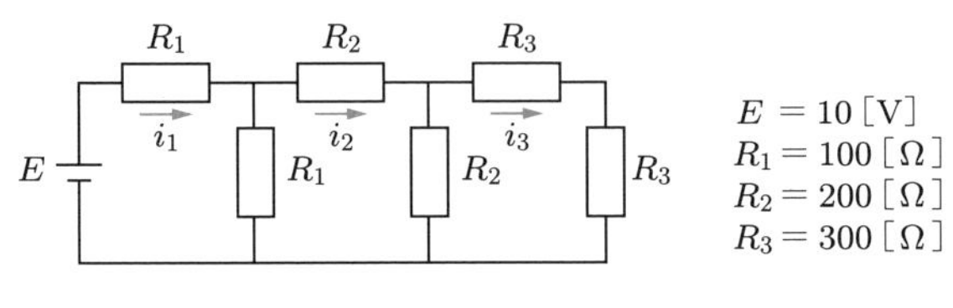

図3.2　電気回路図

解答

[プログラム例]

```
# -----ガウスの消去法による連立 1次方程式の解法-----
import numpy as np

# -----ガウスの消去法-----
def sweep(A, b):
    n = len(b)

    # 前進消去
    for i in range(n):
        p = A[i, i]             # 対角成分をp に代入
        A[i] = A[i] / p         # p で係数行列を割り, A[i,i]を 1にする
        b[i] = b[i] / p         # 定数ベクトルもp で割る

        # 第i 行の定数倍を第 i+1行以降から引くループ
        for j in range(i+1, n):
            q = A[j, i]         # 第i+1行以降i 列の数値を格納
            A[j] -= q * A[i]    # 係数行列の第i+1行から第 i 行の定数倍を引く
            b[j] -= q * b[i]    # 定数ベクトルの第i+1行から第 i 行の定数倍を引く

    #後退代入
    x = np.zeros(n)
    for i in reversed(range(n)):    # 最終行から後退処理
        x[i] = b[i]                 # 解を求める
        for j in range(i):
            b[j] -= A[j, i] * x[i]  # 解が求められた列分b の値を上から更新
    return x
```

```
# ------入力------
A = np.array([[100, -300, -600], [0, 100, -400],
              [100, 200, 600]], dtype=float)     # 各変数の係数
b = np.array([[0], [0], [10]], dtype=float)      # 定数

x = sweep(A, b)
# ------出力------
print("計算結果")
print("i 1 =", x[0])
print("i 2 =", x[1])
print("i 3 =", x[2])
```

このプログラムを実行すると，以下のような出力結果が得られる．

【出力】

```
計算結果
i 1 = 0.05625000000000001
i 2 = 0.0125
i 3 = 0.003125
```

3.4 ガウス・ザイデル法

ガウス・ザイデル法は，係数行列の非対角要素に比べ，対角要素が大きい場合に有効であることが特徴である．すなわち，連立1次方程式 (3.1) において，各 i 行における対角要素 a_{ii} の絶対値が，すべての非対角要素の絶対値の総和より大であるとき収束し，反復計算によって解 x_i $(i = 1, 2, \ldots, n)$ が求められる．以下，その解法について説明する．すなわち，式 (3.1) を次式のように書き直して考えてみる．

$$
\begin{aligned}
x_1 &= \frac{1}{a_{11}}(b_1 - a_{12}x_2 - a_{13}x_3 - \cdots - a_{1n}x_n) \\
\vdots \qquad & \qquad\qquad\qquad \vdots \\
x_n &= \frac{1}{a_{nn}}(b_n - a_{n1}x_1 - a_{n2}x_2 - \cdots - a_{nn-1}x_{n-1})
\end{aligned}
\tag{3.29}
$$

このとき，式 (3.1) に適当な近似値（初期値）$(x_1^{(0)}, x_2^{(0)}, \ldots, x_n^{(0)})$ を仮定して，上式に代入すると，

$$
\begin{aligned}
x_1^{(1)} &= \frac{1}{a_{11}}(b_1 - a_{12}x_2^{(0)} - a_{13}x_3^{(0)} - \cdots - a_{1n}x_n^{(0)}) \\
x_2^{(1)} &= \frac{1}{a_{22}}(b_2 - a_{21}x_1^{(1)} - a_{23}x_3^{(0)} - \cdots - a_{2n}x_n^{(0)}) \\
&\vdots \qquad\qquad\qquad \vdots \\
x_n^{(1)} &= \frac{1}{a_{nn}}(b_n - a_{n1}x_1^{(1)} - a_{n2}x_2^{(1)} - \cdots - a_{nn-1}x_{n-1}^{(1)})
\end{aligned}
\tag{3.30}
$$

となる．ここで，式 (3.30) より得た $x_i^{(1)}$ $(i = 1, 2, \ldots, n)$ を式 (3.29) に代入し，同様の手法によって，$x_i^{(2)}$ $(i = 1, 2, \ldots, n)$ を得る．したがって，$k = 0, 1, 2, \ldots$ に対する反復計算は，以上の操作を繰り返すことによって次のようになる．

$$
\begin{aligned}
x_1^{(k+1)} &= \frac{1}{a_{11}}(b_1 - a_{12}x_2^{(k)} - a_{13}x_3^{(k)} - \cdots - a_{1n}x_n^{(k)}) \\
x_2^{(k+1)} &= \frac{1}{a_{22}}(b_2 - a_{21}x_1^{(k+1)} - a_{23}x_3^{(k)} - \cdots - a_{2n}x_n^{(k)}) \\
&\vdots \qquad\qquad\qquad \vdots \\
x_n^{(k+1)} &= \frac{1}{a_{nn}}(b_n - a_{n1}x_1^{(k+1)} - a_{n2}x_2^{(k+1)} - \cdots - a_{nn-1}x_{n-1}^{(k+1)})
\end{aligned}
\tag{3.31}
$$

これを一般的に表現すると，

$$
\begin{aligned}
x_i^{(k+1)} &= \frac{1}{a_{ii}}(b_i - a_{i1}x_1^{(k+1)} - a_{i2}x_2^{(k+1)} - \cdots - a_{ii-1}x_{i-1}^{(k+1)} \\
&\qquad - a_{ii+1}x_{i+1}^{(k)} - \cdots - a_{in}x_n^{(k)}) \\
&= \frac{1}{a_{ii}}\left(b_i - \sum_{j=1}^{i-1} a_{ij}x_j^{(k+1)} - \sum_{j=i+1}^{n} a_{ij}x_j^{(k)}\right) \\
&\qquad (k = 0, 1, 2, \ldots; i = 1, 2, 3, \ldots, n)
\end{aligned}
\tag{3.32}
$$

となり，収束判定条件を ε（きわめて小さな値）とするとき，

$$
|x_i^{(k+1)} - x_i^{(k)}| < \varepsilon \quad (k = 0, 1, 2, \ldots,\ i = 1, 2, 3, \ldots, n) \tag{3.33}
$$

が満たされたならば，収束したものとして反復をやめることにする．

ここで，n 次正方行列 A は

$$A = \begin{bmatrix} a_{11} & a_{12} & \cdots & a_{1n} \\ a_{21} & a_{22} & \cdots & a_{2n} \\ \vdots & \vdots & \ddots & \vdots \\ a_{n1} & a_{n2} & \cdots & a_{nn} \end{bmatrix} = \begin{bmatrix} a_{11} & 0 & \cdots & 0 \\ 0 & a_{22} & \cdots & 0 \\ \vdots & \vdots & \ddots & \vdots \\ 0 & 0 & \cdots & a_{nn} \end{bmatrix}$$

$$+ \begin{bmatrix} 0 & 0 & \cdots & 0 \\ a_{21} & 0 & \cdots & 0 \\ \vdots & \vdots & \ddots & \vdots \\ a_{n1} & a_{n2} & \cdots & 0 \end{bmatrix} + \begin{bmatrix} 0 & a_{12} & \cdots & a_{1n} \\ 0 & 0 & \cdots & a_{2n} \\ \vdots & \vdots & \ddots & \vdots \\ 0 & 0 & \cdots & 0 \end{bmatrix}$$

$$= L + D + U \tag{3.34}$$

と表され，式 (3.32) より得られる．

$$\sum_{j=1}^{i} a_{ij} x_j^{(k+1)} = - \sum_{j=i+1}^{n} a_{ij} x_j^{(k)} + b_i \tag{3.35}$$

は

$$(L + D)\boldsymbol{x}^{(k+1)} = -U\boldsymbol{x}^{(k)} + \boldsymbol{b} \tag{3.36}$$

となる．逆行列 $(L + D)^{-1}$ を式 (3.36) に掛け

$$\boldsymbol{x}^{(k+1)} = (L + D)^{-1}(\boldsymbol{b} - U\boldsymbol{x}^{(k)}) \tag{3.37}$$

と表される．

例題 3.2　［ガウス・ザイデル法］　図 3.3 に示す回路においてガウス・ザイデル法をプログラム化し，電流 i_1, i_2, i_3 を求めよ．このとき，電流 i_1, i_2, i_3 は次の 3 元連立 1 次方程式から求められる．

$$300i_1 + 100i_2 - 100i_3 = 0$$
$$300i_1 - 600i_2 - 200i_3 = -24$$
$$200i_1 + 200i_2 + 500i_3 = 0$$

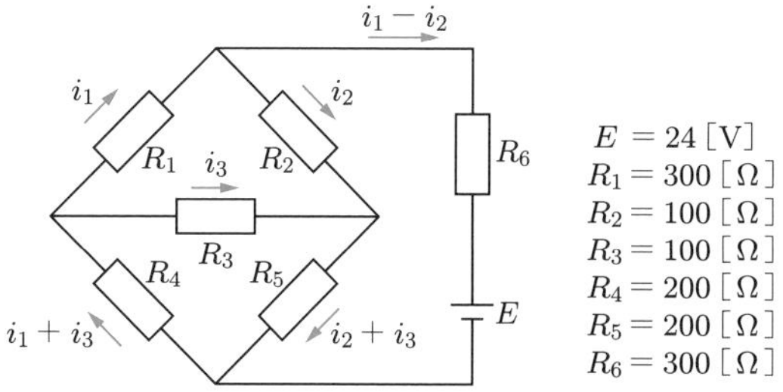

$i_1 - i_2$
i_1
i_2
R_1
i_3
R_2
R_6
R_3
R_4
R_5
$i_1 + i_3$
$i_2 + i_3$
E
$E = 24$ [V]
$R_1 = 300$ [Ω]
$R_2 = 100$ [Ω]
$R_3 = 100$ [Ω]
$R_4 = 200$ [Ω]
$R_5 = 200$ [Ω]
$R_6 = 300$ [Ω]

図 3.3　電気回路図

解答

[プログラム例]

```
# ------ガウス・ザイデル法による連立1次方程式の解法------
import numpy as np

# ------ガウス・ザイデル法------
def gaussseidel(A, b, ex):
    # 初期値設定
    x_k = np.zeros_like(b)
    error = 1e3

    # 計算に用いる各係数の設定
    LD_tr_m = np.tril(A)                 # Aの下三角行列(対角行列含む)
    U_tr_m = A - LD_tr_m                 # Aの上三角行列(対角行列除く)
    L_inv = np.linalg.inv(LD_tr_m)       # LD_tr_mの逆行列

    while error > ex:
        x_k1 = np.dot(L_inv, b - np.dot(U_tr_m, x_k))
        error = np.abs(np.max(x_k1 - x_k))
        x_k = x_k1
    return x_k


# ------入力------
A = np.array([[300, 100, -100], [300, -600, -200],
             [200, 200, 500]])     # 各変数の係数
b = np.array([[0], [-24], [0]])    # 定数
ex = 1e-12                         # 収束判定値

x = gaussseidel(A, b, ex)
# ------出力------
print("計算結果")

for i in range(len(x)):
    print("i", i+1, "=", *x[i])
```

このプログラムについて，真値 $x_1 = -0.0146, x_2 = 0.0355, x_3 = -0.0083$ に対して実行すると，以下のような出力結果が得られる．

【出力】

```
計算結果
i 1 = -0.014608695652404649
i 2 = 0.03547826086950024
i 3 = -0.008347826086838237
```

■

○ 演習問題 ○

3.1 ［掃き出し法］ 3 元連立 1 次方程式を掃き出し法で解く方法について説明せよ．

3.2 ［ガウス・ザイデル法］ 次の連立 1 次方程式をガウス・ザイデル法で解け．ただし，初期値は $x_1^{(0)} = x_2^{(0)} = x_3^{(0)} = 0$ とし，第 2 近似根 $(x_1^{(2)}, x_2^{(2)}, x_3^{(2)})$ まで求めよ．

（1） $2x_1 + x_2 + x_3 = 7, \quad -x_1 + 2x_2 - x_3 = 0, \quad x_1 - x_2 + 2x_3 = 5$

（2） $2x_1 + x_2 - x_3 = 6, \quad -x_1 + 2x_2 - x_3 = 3, \quad -x_1 - x_2 + 2x_3 = -3$

（3） $2x_1 - x_2 + x_3 = 3, \quad x_1 + 2x_2 - x_3 = 1, \quad x_1 - x_2 + 2x_3 = 4$

（4） $2x_1 + x_2 - x_3 = 6, \quad x_1 + 2x_2 - x_3 = 8, \quad x_1 - x_2 + 2x_3 = 2$

（5） $2x_1 + x_2 + x_3 = 2, \quad x_1 + 2x_2 + x_3 = -4, \quad x_1 + x_2 + 2x_3 = -2$

常微分方程式

常微分方程式を数値計算的に解くということは，ある初期条件のもとで，独立変数と従属変数の関係を求めるということである．本章では，常微分方程式として，回路問題でよく現れる1階および2階線形常微分方程式などを例に，テイラー法，オイラー法，ルンゲ・クッタ法について説明する．そして，これらの方法の応用として，連立常微分方程式や高階常微分方程式の解法についても簡単に説明する．

4.1 テイラー法

微分方程式の初期解を求める方法の一つとして，テイラー展開法について説明する．すなわち，1階の常微分方程式は，一般に

$$\frac{\mathrm{d}y}{\mathrm{d}x} = f(x, y) \tag{4.1}$$

という形で表すことができる．これを初期条件

$$y(x_0) = y_0$$

のもとで解くことにする．いま，$x_n = x_0 + nh$，$y_n = y(x_n)$，$y_0^{(k)} = (\mathrm{d}^k y/\mathrm{d}x^k)_{x=x_0}$ とおくと，y_n のテイラー展開は $nh < 1$ の範囲で展開すれば，

$$y_n = y_0 + \frac{hy_0'}{1!}n + \frac{h^2 y_0''}{2!}n^2 + \cdots + \frac{h^r y_0^{(r)}}{r!}n^r + \frac{h^{r+1}y^{(r+1)}(\xi)}{(r+1)!}n^{r+1}$$
$$(x_0 < \xi < x_0 + nh) \tag{4.2}$$

となる．ここで，1階の導関数は与えられた微分方程式より，y も x の関数と考えて

$$y' = \frac{\mathrm{d}y}{\mathrm{d}x} = f(x, y(x))$$

となる．2階の導関数は図 4.1 より

$$y'' = \frac{\mathrm{d}^2 y}{\mathrm{d}x^2} = \frac{\partial f(x,y)}{\partial x} + \frac{\partial f(x,y)}{\partial y}\frac{\mathrm{d}y}{\mathrm{d}x} = f_x(x,y) + f_y(x,y)y'$$

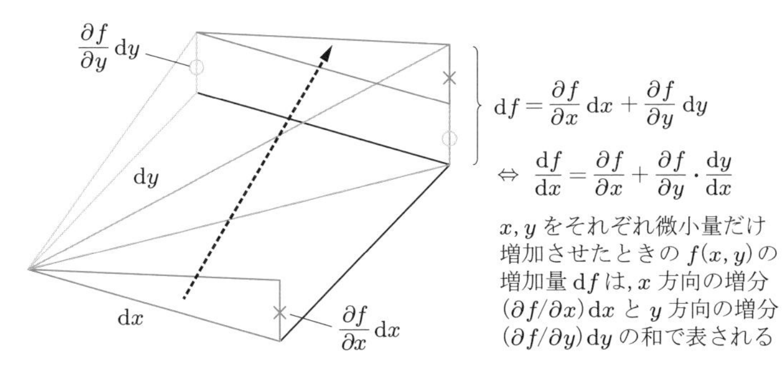

図 4.1　$f(x, y)$ の増加量 df

となる．そして同じように y''' も

$$y''' = f_{xx}(x,y) + 2y' f_{xy}(x,y) + y'^2 f_{yy}(x,y) + y'' f_y(x,y)$$

と表される．これに初期条件を代入すると，(x_0, y_0) における 1 階および 2 階の微分係数は

$$y_0' = f(x_0, y_0), \quad y_0'' = f_x(x_0, y_0) + y_0' f_y(x_0, y_0), \quad \ldots$$

となり，これらを式 (4.2) に代入して nh が 1 より小さい範囲内での $n\ (= 1, 2, 3, \ldots, N)$ に対して y_N の値を求めることができる．N より大きな値に対しては，求められた y_N をもとに x_N のまわりで

$$y_{N+m} = y_N + \frac{hy_N'}{1!}m + \frac{h^2 y_N''}{2!}m^2 + \cdots \tag{4.3}$$

のようにテイラー展開することにより求め，反復することにより同じように求めることができる．

一例として次の微分方程式をテイラー法で解いてみよう．

$$\frac{\mathrm{d}y}{\mathrm{d}x} = -\sin 3x - 3y, \quad y(0) = y_0 = 1 \tag{4.4}$$

与えられた方程式より各階の導関数は

$$y' = -\sin 3x - 3y, \quad y'' = -3\cos 3x - 3y', \quad y''' = 9\sin 3x - 3y'',$$
$$y^{(4)} = 27\cos 3x - 3y^{(3)}, \quad y^{(5)} = -71\sin 3x - 3y^{(4)}, \quad \ldots$$

と解析的に求められるから，初期値をこれらの式に代入すると次の値となる．

$$y_0 = 1, \quad y_0' = -3, \quad y_0'' = 6, \quad y_0''' = -18, \quad y_0^{(4)} = 81,$$
$${y_0}^{(5)} = -243, \quad \ldots$$

そこで，仮に $h = 1/40$ とすると，式 (4.2) より $nh < 1$ の範囲内では次式が得られる．

$$y_n = 1 - 3\left(\frac{n}{40}\right) + \frac{6}{2}\left(\frac{n}{40}\right)^2 - \frac{18}{6}\left(\frac{n}{40}\right)^3 + \frac{81}{24}\left(\frac{n}{40}\right)^4 - \frac{243}{120}\left(\frac{n}{40}\right)^5 + \frac{486}{720}\left(\frac{n}{40}\right)^6 - \frac{1458}{5040}\left(\frac{n}{40}\right)^7 + \frac{6561}{40320}\left(\frac{n}{40}\right)^8 - \frac{19683}{362880}\left(\frac{n}{40}\right)^9 + \cdots \tag{4.5}$$

例題 4.1 [テイラー法] 式 (4.4) の微分方程式の解を，第5項までと第10項までのテイラー法を用いて $x < 1$ $(nh < 1)$ の範囲で求めよ．ただし，微小幅 $h = 1/40$ とする．なお，この微分方程式の厳密解は次式で与えられる．

$$y = \frac{1}{6}(\cos 3x - \sin 3x + 5e^{-3x})$$

解答

[プログラム例]

```
# ----- テイラー法による常微分方程式の解法-----
import numpy as np
import matplotlib.pyplot as plt

# -----テイラー法-----
h = 1 / 40
x = 0
n = 0
y = 1.0
y2 = 1.0
y5 = 1.0
y10 = 1.0
xr = np.array([])
yr = np.array([])
y2r = np.array([])
y5r = np.array([])
y10r = np.array([])


# -----微分係数の計算-----
yy1 = -np.sin(3*x) - 3 * y
yy2 = -3 * np.cos(3*x) - 3 * yy1
yy3 = 3 ** 2 * np.sin(3*x) - 3 * yy2
yy4 = 3 ** 3 * np.cos(3*x) - 3 * yy3
yy5 = -3 ** 4 * np.sin(3*x) - 3 * yy4
yy6 = -3 ** 5 * np.cos(3*x) - 3 * yy5
yy7 = 3 ** 6 * np.sin(3*x) - 3 * yy6
yy8 = 3 ** 7 * np.cos(3*x) - 3 * yy7
yy9 = -3 ** 8 * np.sin(3*x) - 3 * yy8
```

```
while x < 1:
    x = float(n) * h

    # ------厳密解------
    y = 1 / 6 * (np.cos(3*x) - np.sin(3*x) + 5 * np.e ** (-3 * x))
    yr = np.append(yr, y)

    # ------(第 2項まで)----
    y2 = 1.0 + (n*h) * (yy1/1)
    y2r = np.append(y2r, y2)

    # ------(第 5項まで)----
    y5 = 1.0 + (n*h) * (yy1/1) + (n*h) ** 2 * (yy2/2) \
             + (n*h) ** 3 * (yy3/6) + (n*h) ** 4 * (yy4/24)
    y5r = np.append(y5r, y5)

    # ------(第 10項まで)----
    y10 = 1.0 + (n*h) * (yy1/1) + (n*h) ** 2 * (yy2/2) \
              + (n*h) ** 3 * (yy3/6) + (n*h) ** 4 * (yy4/24) \
              + (n*h) ** 5 * (yy5/120) + (n*h) ** 6 * (yy6/720) \
              + (n*h) ** 7 * (yy7/5040) + (n*h) ** 8 * (yy8/40320)\
              + (n*h) ** 9 * (yy9/362880)
    y10r = np.append(y10r, y10)
    xr = np.append(xr, x)

    n += 1

# -------グラフの描画-------
fig = plt.figure(figsize=(8.0, 6.0))
# 軸の設定
plt.xlabel("x")
plt.xlim(0, 0.9)

plt.ylabel("y")
plt.ylim(-0.4, 1.2)
# グリッドの表示
plt.grid(True)

plt.plot(xr, yr, color="k", label="Exact solution")   # 厳密解
plt.scatter(xr, y2r, color="b", label="Talor item 2", marker="^")
       # テイラー法 (第 2項まで)
plt.scatter(xr, y5r, color="r", label="Talor item 5", marker="o")
       # テイラー法 (第 5項まで)
plt.scatter(xr, y10r, color="g", label="Talor item 10", marker="s")
       # テイラー法 (第 10項まで)

# 凡例の表示
plt.legend()
```

```
plt.show()
```

【計算結果】

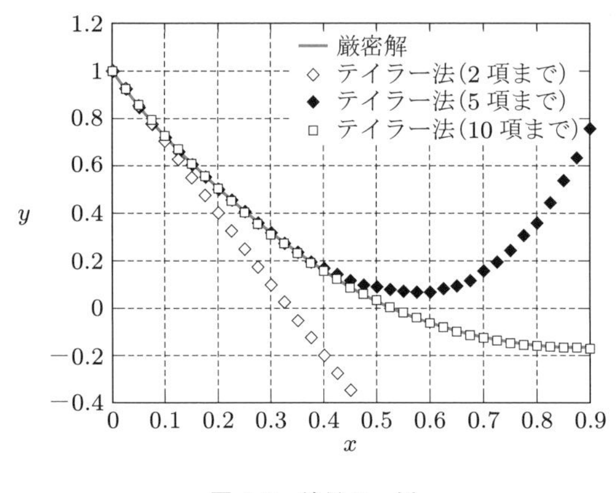

図 4.2 結果の一例

図 4.2 からわかるように，第 10 項程度までのテイラー展開を用いると，実線で示す厳密解とほぼ一致する．また，この問題のように微小区間での変動率が比較的大きい場合には，良好な近似を得るためにさらに展開項数を増やす必要がある．

4.2 オイラー法

一般的に，ある区間で連続な関数 $y = f(x)$ が無限回の微分が可能であるとき，x と $x + h$ の区間内でテイラー展開すると，先に示したように $h < 1$ の範囲で

$$f(x+h) = f(x) + hf'(x) + h^2 \frac{1}{2!} f''(x) + \cdots \tag{4.6}$$

となる．ここで，h を十分小さくすると，

$$f(x+h) = f(x) + hf'(x)$$

となり，

$$y_{n+1} = y_n + hf(x_n, y_n) \tag{4.7}$$

を得る．ここで，常微分方程式

$$\frac{\mathrm{d}y}{\mathrm{d}x} = f(x, y) \tag{4.8}$$

において，初期条件 $x = x_0$ のとき $y = f(x_0) = y_0$ とすると，式 (4.7) から

$$y_1 = y_0 + hf(x_0, y_0)$$

と表される．次に $x = x_0 + h = x_1$ とし，それに対して $y = y_1$ とすると，

$$y_2 = y_1 + hf(x_1, y_1)$$

となる．この考え方を順次繰り返すと，

$$\begin{aligned} y_3 &= y_2 + hf(x_2, y_2) \\ y_4 &= y_3 + hf(x_3, y_3) \\ &\vdots \\ y_{n+1} &= y_n + hf(x_n, y_n) \end{aligned} \tag{4.9}$$

となり，x_n と y_n の解を得ることになる．この繰り返し計算において，刻み値 h をきわめて小さくすると解の精度は向上する．ただし，演算時間が非常に長くなることや，繰り返し演算によって誤差が累積されるデメリットが生じる．この考え方を図 4.3 に示すが，この図からここで説明した考え方が明らかになる．

さて，このようなオイラー法を少し修正し，誤差を小さくする方法について説明する．すなわち，ある区間で連続な関数 $y = f(x)$ が無限回の微分が可能である場合，誤差を小さくするオイラー法は，次式を計算することにより求められる．

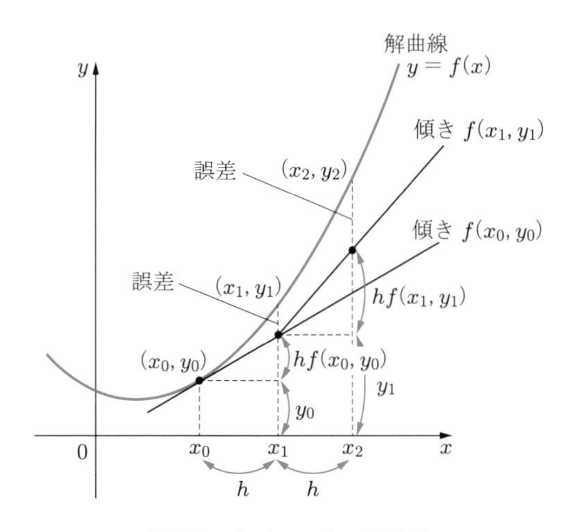

図 4.3　オイラー法の説明図

$$f(x+h) = f(x) + \frac{f'(x) + f'(x+h)}{2}h$$

これを離散的な値 (x_n, y_n) を用いて表すと次のようになる．

$$y_{n+1} = y_n + \frac{f(x_n, y_n) + f(x_{n+1}, y_{n+1})}{2}h \tag{4.10}$$

すなわち，この式は $x = x_n$ と $x = x_{n+1}$ におけるそれぞれの傾きを求め，その平均値を微小区間 $h[x_n, x_{n+1}]$ の平均変化率として利用すると考えることができる．たとえば，

$$\frac{\mathrm{d}y}{\mathrm{d}x} = f(x, y) \tag{4.11}$$

の形で与えられ，その初期値が $y = y_0$ $(x = x_0)$ とすると，式 (4.10) から

$$y_1 = y_0 + \frac{f(x_0, y_0) + f(x_1, y_1)}{2}h$$

となる．この時点で右辺の y_1 は求められていない．そこで，この場合には先に述べたオイラー法で y_1 の値を次のように決定する．

$$y_1 = y_0 + hf(x_0, y_0)$$

$$y_1 = y_0 + \frac{f(x_0, y_0) + f(x_1, y_0 + hf(x_0, y_0))}{2}h$$

この考え方を一般形に変形すると，

$$y_{n+1} = y_n + \frac{f(x_n, y_n) + f(x_{n+1}, y_n + hf(x_n, y_n))}{2}h$$

と表される．これを修正オイラー法とよぶ．

さらに，これを簡単に表すと次のようになる．

$$y_{n+1} = y_n + \frac{y'_n + y'_{n+1}}{2}h$$

なお，上式は

$$y_{n+1} = y_n + hy'_n + \frac{h^2}{2}\frac{y'_{n+1} - y'_n}{h}$$

$$y_{n+1} = y_n + hy'_n + \frac{h^2}{2}y''_n$$

のように変形でき，式 (4.6) のテイラー展開において h^2 の項まで考慮していることになる．

例題 4.2 ［オイラー法］ 図 4.4 に示す回路において，$t = s$ [s] でスイッチを切替える．このとき回路に流れる電流のようすをオイラー法および修正オイラー法によって求めよ．なお，電流の厳密解は次式で与えられる．

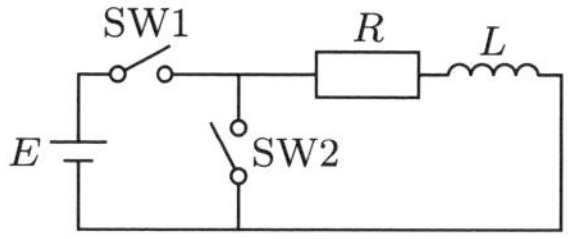

抵抗	$R = 1.0\,[\Omega]$
コイル	$L = 10\,[\mu\mathrm{H}]$
電源	$E = 1.0\,[\mathrm{V}]$
SW 切替	$1.0\,[\mu\mathrm{s}]$

図 4.4 *R-L* 直列回路

$$0 \le t \le s \text{ の場合} \quad i(t) = \frac{E}{R}(1 - e^{-t/\tau})$$

$$t \ge s \text{ の場合} \quad i(t) = \frac{E}{R}(e^{-(t-s)/\tau} - e^{-t/\tau})$$

ただし，時定数 $\tau = L/R$ とする．

解答

常微分方程式は次のようになる．

$$\frac{\mathrm{d}i}{\mathrm{d}t} = \frac{E - Ri}{L} \quad (0 \le t \le s)$$

$$\frac{\mathrm{d}i}{\mathrm{d}t} = -\frac{Ri}{L} \quad (t \ge s)$$

[プログラム例]

```
# ------オイラー法による常微分方程式の解法------
import numpy as np
import matplotlib.pyplot as plt

# ------初期値設定-------
R = 1.0        # 抵抗
L = 1e-5       # インダクタンス
E = 1.0        # 電源電圧
h = 1e-6       # 微小時間
tau = L / R    # 時定数
S = 1e-5       # スイッチ切り替え時間
ts1 = np.linspace(0, S, 11)       # スイッチ 1オン
ts2 = np.linspace(S, 5e-5, 41)    # スイッチ 2オン
t = np.append(ts1, ts2)

# ------各値の計算------
# スイッチ 1オン時
i1_s1 = (E / R) * (1 - np.exp(-ts1 / tau))    # 厳密解
i2_s1 = np.array([0])                         # オイラー法の初期値
i3_s1 = np.array([0])                         # 修正オイラー法の初期値
for i in range(len(ts1)-1):
    # オイラー法
    i2_s1_single = i2_s1[i] + (h / L) * ((E - R * i2_s1[i]))
    i2_s1 = np.append(i2_s1, i2_s1_single)
    # 修正オイラー法
```

```
    i3_s1_single = i3_s1[i] + (h / (2 * L)) * \
        ((E - R * i3_s1[i])
         + (E - R * (i3_s1[i] + (h / L) *
            ((E - R * i3_s1[i])))))
    i3_s1 = np.append(i3_s1, i3_s1_single)

# スイッチ 2オン時
i1_s2 = (E / R) * (np.exp(-(ts2-S) / tau) - np.exp(-ts2 / tau))
                                                # 厳密解
i2_s2 = np.array([i2_s1[len(ts1)-1]])    # オイラー法の初期値
i3_s2 = np.array([i3_s1[len(ts1)-1]])    # 修正オイラー法の初期値
for i in range(len(ts2)-1):
    # オイラー法
    i2_s2_single = i2_s2[i] + h * (- R * i2_s2[i]) / L
    i2_s2 = np.append(i2_s2, i2_s2_single)
    # 修正オイラー法
    i3_s2_single = i3_s2[i] + (h / (2 * L)) * \
        ((-R * i3_s2[i])
         + (-R * (i3_s2[i] + h * (- R * i3_s2[i]) / L)))
    i3_s2 = np.append(i3_s2, i3_s2_single)

# 両時間における電流値
i1 = np.append(i1_s1, i1_s2)
i2 = np.append(i2_s1, i2_s2)
i3 = np.append(i3_s1, i3_s2)

# ------グラフの描画------
fig = plt.figure(figsize=(8.0, 6.0))
# 軸の設定
plt.xlabel("Time [s]")
plt.xlim(0, 5e-5)

plt.ylabel("Current [A]")
plt.ylim(0, 0.7)
# グリッドの表示
plt.grid(True)

plt.plot(t, i1, color="k", label="Exact solution")    # 厳密解
plt.scatter(t, i2, color="b", label="Euler method", marker="^")
# オイラー法
plt.scatter(t, i3, color="r", label="Modified Euler method",
        marker="o")    # 修正オイラー法

# 凡例の表示
plt.legend()

plt.show()
```

【計算結果】

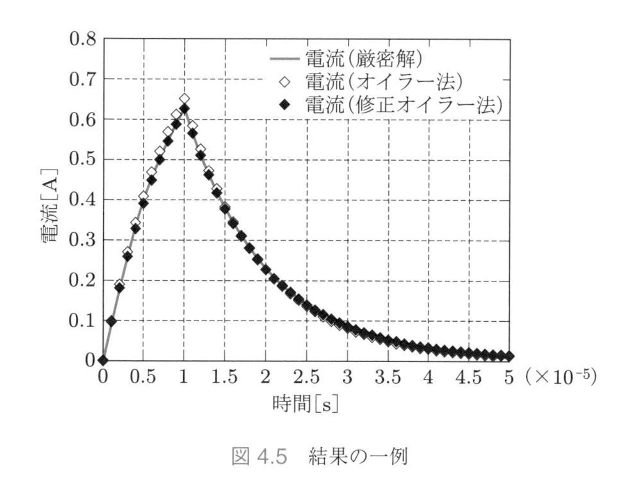

図 4.5 結果の一例

図 4.5 からわかるように，オイラー法より修正オイラー法を用いたほうが厳密解にさらによく一致する．

4.3 ルンゲ・クッタ法

ルンゲ・クッタ法では，図 4.6 に示すようにまず 4 つの微分係数 $k_1 \sim k_4$ を求める．すなわち，

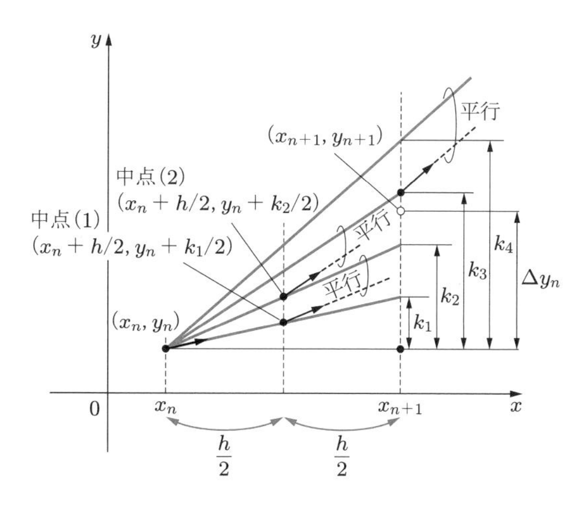

図 4.6 ルンゲ・クッタ法の説明図

$$
\begin{aligned}
&\text{左端 } (x_n, y_n) \text{ での微分係数} \\
&\qquad k_1 = hf(x_n, y_n) \\
&\text{中点 (1)}\quad (x_n + h/2, y_n + k_1/2) \text{ での微分係数} \\
&\qquad k_2 = hf\left(x_n + \frac{h}{2}, y_n + \frac{k_1}{2}\right) \\
&\text{中点 (2)}\quad (x_n + h/2, y_n + k_2/2) \text{ での微分係数} \\
&\qquad k_3 = hf\left(x_n + \frac{h}{2}, y_n + \frac{k_2}{2}\right) \\
&\text{右端 } (x_n + h, y_n + k_3) \text{ での微分係数} \\
&\qquad k_4 = hf(x_n + h, y_n + k_3)
\end{aligned}
\tag{4.12}
$$

である．このようにして求めた k_1, k_2, k_3, k_4 にそれぞれ $1, 2, 2, 1$ の重みをつけて平均した量を求める．すなわち，点 (x_n, y_n) から x 方向に h だけ変化したとき，y 方向に変化する量 Δy は

$$
\Delta y_n = \frac{1}{6}(k_1 + 2k_2 + 2k_3 + k_4)
$$

として決定される．

この結果を離散値を用いて表すと y_{n+1} は

$$
y_{n+1} = y_n + \Delta y_n = y_n + \frac{1}{6}(k_1 + 2k_2 + 2k_3 + k_4) \tag{4.13}
$$

として求められることになる．これら一連の式 (4.12)，(4.13) は，h^4 項までのテイラー展開と一致させて微分係数および重みを導出しているため，ルンゲ・クッタの 4 次の公式とよばれる．なお，実際の計算では，求めた式 (4.13) の値 y_{n+1} を改めて y_n として，繰り返し演算する．

また，簡単のために h^3 項までのテイラー展開と一致させた場合には，次のようなルンゲ・クッタの 3 次の公式が得られる．

$$
\begin{aligned}
k_1 &= hf(x_n, y_n) \\
k_2 &= hf\left(x_n + \frac{h}{2}, y_n + \frac{k_1}{2}\right) \\
k_3 &= hf(x_n + h, y_n - k_1 + 2k_2) \\
y_{n+1} &= y_n + \frac{1}{6}(k_1 + 4k_2 + k_3)
\end{aligned}
\tag{4.14}
$$

例題 4.3　[ルンゲ・クッタ法]　図 4.7 に示す R-L 直列回路において，回路に流れる電流をルンゲ・クッタの 4 次の公式を用いて求めよ．なお，電流の厳密解は次式で与えられる．

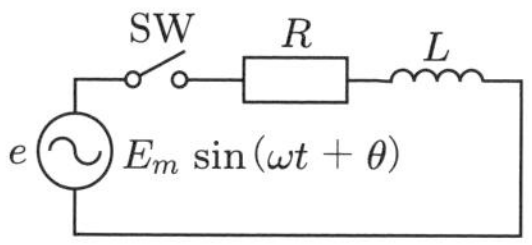

抵抗	$R = 1.0\,[\Omega]$
コイル	$L = 10\,[\mu\mathrm{H}]$
電源	$E_m = 1.0\,[\mathrm{V}]$
位相角	$\theta = -\dfrac{\pi}{4}\,[\mathrm{rad}]$
周波数	$f = 10\,[\mathrm{kHz}]$

図 4.7　R-L 直列回路

$$i(t) = I_m\{\sin(\omega t + \theta - \varphi) - e^{-t/\tau}\sin(\theta - \varphi)\}$$

ただし，$I_m = E_m/\sqrt{R^2 + \omega^2 L^2}$, $\tau = L/R$, $\theta = -\pi/4$, $\varphi = \tan^{-1}(\omega L/R)$ とする．

解答

常微分方程式は以下のようになる．

$$\frac{\mathrm{d}i}{\mathrm{d}t} = \frac{\sin(\omega t + \theta) - Ri}{L}$$

[プログラム例]

```
# ------ルンゲ・クッタ法による常微分方程式の解法------
import numpy as np
import matplotlib.pyplot as plt

# ------導関数の定義------
def ii4(t, i4):
    return (np.sin(omega * t + theta) - R * i4) / L


# ------初期値設定-------
n = 0
t = 0
i4 = 0
R = 1.0     # 抵抗
L = 1e-5    # インダクタンス
E = 1.0     # 電源
theta = -np.pi / 4       # 位相角
f = 1e4                  # 周波数
omega = 2 * np.pi * f    # 角周波数
h = 1 / f / 30.0         # 微小時間 (1周期あたり 30ステップの計算)
im = E / np.sqrt(R ** 2 + (omega * L) ** 2)
tau = L / R
fai = np.arctan(omega * tau)
tr = np.array([])
ir = np.array([])
er = np.array([])
i4r = np.array([])

while n <= 3 * round(1 / f / h):
```

```
    t = float(n) * h

# ------微分係数の計算------
    k1 = h * ii4(t, i4)
    k2 = h * ii4(t + h / 2.0, i4 + k1 / 2.0)
    k3 = h * ii4(t + h / 2.0, i4 + k2 / 2.0)
    k4 = h * ii4(t + h, i4 + k3)

# ------計算------
    e = E * np.sin(omega * t + theta)   # 電源電圧
    i = im * (np.sin(omega * t + theta - fai) -
             np.e ** (-t / tau) * np.sin(theta - fai)) # 電流（厳密解）

    tr = np.append(tr, t)
    ir = np.append(ir, i)
    er = np.append(er, e)
    i4r = np.append(i4r, i4)
    i4 += (k1 + 2.0 * k2 + 2.0 * k3 + k4) / 6.0
    # ルンゲ・クッタの 4次の公式

    n += 1

# -------グラフの描画-------
fig = plt.figure(figsize=(8.0, 6.0))
# 軸の設定
plt.xlabel("Time [s]")
plt.xlim(0, 2.5e-4)

plt.ylabel("Voltage [V], Current [A]")
plt.ylim(-1, 1)
# グリッドの表示
plt.grid(True)

plt.plot(tr, er, color="k", label="Power supply")   # 電源電圧
plt.plot(tr, ir, color="b", linestyle="dotted",
         label="Current(Exact solution)")           # 電流（厳密解）
plt.scatter(tr, i4r, color="r", label="Current(Runge kutta)",
            marker="o")                             # ルンゲ・クッタ法

# 凡例の表示
plt.legend()

plt.show()
```

【計算結果】

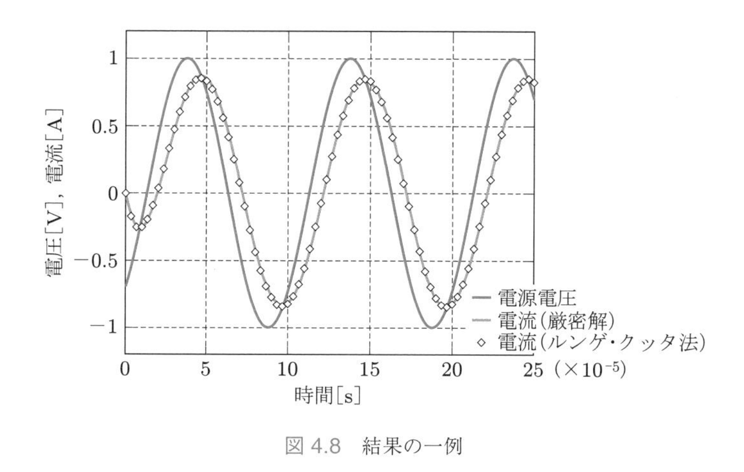

図 4.8 結果の一例

図 4.8 からわかるように，ルンゲ・クッタの 4 次の公式による解は厳密解と良好に一致する．例題 4.3 で用いたルンゲ・クッタの 4 次の公式は，数値計算による微分方程式の標準的な解法として知られている．

4.4 連立常微分方程式の解法

n 元連立常微分方程式は

$$
\begin{aligned}
\frac{\mathrm{d}y_1}{\mathrm{d}x} &= f_1(x, y_1, y_2, \ldots, y_n) \\
\frac{\mathrm{d}y_2}{\mathrm{d}x} &= f_2(x, y_1, y_2, \ldots, y_n) \\
&\vdots \\
\frac{\mathrm{d}y_n}{\mathrm{d}x} &= f_n(x, y_1, y_2, \ldots, y_n)
\end{aligned}
\tag{4.15}
$$

で表される．これを数値計算として解くには，それぞれの式にここまで説明したオイラーの公式やルンゲ・クッタの公式を用いればよい．たとえば，考え方を容易にするために次の 2 元連立常微分方程式を考えてみる．

$$
\begin{aligned}
\frac{\mathrm{d}y_1}{\mathrm{d}x} &= f_1(x, y_1, y_2) \\
\frac{\mathrm{d}y_2}{\mathrm{d}x} &= f_2(x, y_1, y_2)
\end{aligned}
\tag{4.16}
$$

これを先に示したルンゲ・クッタの3次の公式を用いて解くと，次の差分式を得ることができる．

$$
\begin{aligned}
k_1 &= hf_1(x_n, y_{(n)1}, y_{(n)2}) \\
k_2 &= hf_1\left(x_n + \frac{h}{2}, y_{(n)1} + \frac{k_1}{2}, y_{(n)2} + \frac{l_1}{2}\right) \\
k_3 &= hf_1(x_n + h, y_{(n)1} - k_1 + 2k_2, y_{(n)2} - l_1 + 2l_2) \\
y_{(n+1)1} &= y_{(n)1} + \frac{1}{6}(k_1 + 4k_2 + k_3)
\end{aligned}
\tag{4.17}
$$

$$
\begin{aligned}
l_1 &= hf_2(x_n, y_{(n)1}, y_{(n)2}) \\
l_2 &= hf_2\left(x_n + \frac{h}{2}, y_{(n)1} + \frac{k_1}{2}, y_{(n)2} + \frac{l_1}{2}\right) \\
l_3 &= hf_2(x_n + h, y_{(n)1} - k_1 + 2k_2, y_{(n)2} - l_1 + 2l_2) \\
y_{(n+1)2} &= y_{(n)2} + \frac{1}{6}(l_1 + 4l_2 + l_3)
\end{aligned}
\tag{4.18}
$$

上の2式（式(4.17)，(4.18)）を，選択した h について $n = 1$ から x の最終値まで順次繰り返して計算すればよい．

例題 4.4 ［連立常微分方程式］　図4.9に示す C-R フィルタ回路において，節点電圧 V_1, V_2 をルンゲ・クッタの3次の公式で求めよ．なお，この種の問題について節点解析により，次に示す2つの関係式が導出される．

$$
\begin{aligned}
&C_1\frac{\mathrm{d}V_1}{\mathrm{d}t} + \frac{V_1}{R_1} + \frac{V_1 - V_2}{R_2} = i \\
&C_2\frac{\mathrm{d}V_2}{\mathrm{d}t} + \frac{V_2 - V_1}{R_2} = 0
\end{aligned}
$$

ただし，i は電流源であり，$i = e/R_1 = 1 + \sin\omega t$ で与えられる．そして，この関係式を解くことにより，節点電圧の厳密解は次式で与えられる．

$$
\begin{pmatrix} V_1 \\ V_2 \end{pmatrix} = c_1(t)\begin{pmatrix} 2 \\ 1 - \sqrt{5} \end{pmatrix} e^{\lambda_1 t} + c_2(t)\begin{pmatrix} 2 \\ 1 + \sqrt{5} \end{pmatrix} e^{\lambda_2 t}
$$

ただし，

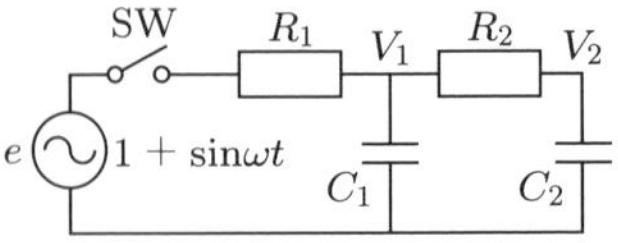

SW　R_1　V_1　R_2　V_2　e　$1 + \sin\omega t$　C_1　C_2

抵抗　$R_1 = 1.0$ [Ω]
抵抗　$R_2 = 1.0$ [Ω]
コンデンサ　$C_1 = 10$ [μF]
コンデンサ　$C_2 = 10$ [μF]
周波数　$f = 10$ [kHz]

図4.9　C-R フィルタ

$$\lambda_1 = \frac{-3-\sqrt{5}}{2C}, \qquad \lambda_2 = \frac{-3+\sqrt{5}}{2C}$$

$$c_1(t) = \frac{1+\sqrt{5}}{4\sqrt{5}C}\left\{\left(\frac{1}{\lambda_1} + \frac{\omega}{\omega^2+\lambda_1^2}\right) - \left(\frac{1}{\lambda_1} + \frac{\omega\cos\omega t + \lambda_1 \sin\omega t}{\omega^2+\lambda_1^2}\right)e^{-\lambda_1 t}\right\}$$

$$c_2(t) = -\frac{1-\sqrt{5}}{4\sqrt{5}C}\left\{\left(\frac{1}{\lambda_2} + \frac{\omega}{\omega^2+\lambda_2^2}\right) - \left(\frac{1}{\lambda_2} + \frac{\omega\cos\omega t + \lambda_2 \sin\omega t}{\omega^2+\lambda_2^2}\right)e^{-\lambda_2 t}\right\}$$

ただし，$C = 10^{-5}$

である．

解答

[プログラム例]

```
# ------ルンゲ・クッタ法による連立常微分方程式の解法------
import numpy as np
import matplotlib.pyplot as plt

# 節点解析式 1
def nodal_analysis1(V1, V2, t):
    return (-V1 / R1 - (V1 - V2) / R2 + 1 + np.sin(omega*t)) / C1


# 節点解析式 2
def nodal_analysis2(V1, V2, t):
    return - (V2 - V1) / (R2 * C2)


# ------初期値設定------
# 周波数
freq = 1e4
omega = 2 * np.pi * freq

# 時間
t = np.linspace(0, 3e-4, 101)
tt = np.linspace(0, 3e-4, 31)
h = 3e-6
s = 0

# 各素子値
V_0 = 1 + np.sin(omega * t)
Vr_1 = np.zeros_like(t)
Vr_2 = np.zeros_like(t)
```

```
R1 = 1
R2 = 1
C1 = 1e-5
C2 = 1e-5
C = C1

# ------ルンゲ・クッタ法------
for s in range(len(t)-1):
    k1 = h * nodal_analysis1(Vr_1[s], Vr_2[s], t[s])
    l1 = h * nodal_analysis2(Vr_1[s], Vr_2[s], t[s])
    k2 = h * nodal_analysis1(Vr_1[s]+k1/2, Vr_2[s]+l1/2, t[s]+h/2)
    l2 = h * nodal_analysis2(Vr_1[s]+k1/2, Vr_2[s]+l1/2, t[s]+h/2)
    k3 = h * nodal_analysis1(Vr_1[s]+2*k2, Vr_2[s]+2*l2, t[s]+h)
    l3 = h * nodal_analysis2(Vr_1[s]+2*k2, Vr_2[s]+2*l2, t[s]+h)

    Vr_1[s+1] = Vr_1[s] + 1 / 6 * (k1 + 4 * k2 + k3)
    Vr_2[s+1] = Vr_2[s] + 1 / 6 * (l1 + 4 * l2 + l3)

# ------厳密解------
lambda_1 = (-3 - np.sqrt(5)) / 2 / C
lambda_2 = (-3 + np.sqrt(5)) / 2 / C
C_1 = (1 + np.sqrt(5)) / (4 * np.sqrt(5) * C) \
    * ((1 / lambda_1 + omega / (omega**2 + lambda_1**2))
       - (1 / lambda_1 + (omega * np.cos(omega*tt)
          + lambda_1 * np.sin(omega*tt)) / (omega**2 + lambda_1**2))
       * np.exp( - lambda_1 * tt))
C_2 = - (1 - np.sqrt(5)) / (4 * np.sqrt(5) * C) \
    * ((1 / lambda_2 + omega / (omega**2 + lambda_2**2))
       - (1 / lambda_2 + (omega * np.cos(omega*tt)
          + lambda_2 * np.sin(omega*tt)) / (omega**2 + lambda_2**2))
       * np.exp( - lambda_2 * tt))
V_1 = C_1 * 2 * np.exp(lambda_1 * tt) \
    + C_2 * 2 * np.exp(lambda_2 * tt)
V_2 = C_1 * (1 - np.sqrt(5)) * np.exp(lambda_1 * tt) \
    + C_2 * (1 + np.sqrt(5)) * np.exp(lambda_2 * tt)


# ------グラフ設定------
fig = plt.figure(figsize=(8.0, 6.0))    # グラフサイズの設定

plt.plot(t, Vr_1, color="b", label="Vr_1")
plt.plot(t, Vr_2, color="k", linestyle="dotted", label="Vr_2")
plt.plot(t, V_0, color="r", linestyle="dotted", label="V_0")

plt.scatter(tt, abs(V_1), color="b", marker="^", label="V_1")
plt.scatter(tt, abs(V_2), color="k", marker="o", label="V_2")

# 軸の設定
```

```
plt.xlabel('Time [s]')
plt.ylabel('Voltage [V]')
plt.xlim(0, 3e-4)
plt.ylim(0, 2)

# グリッドの表示
plt.grid(True)

# 凡例の表示
plt.legend()

plt.show()
```

【計算結果】

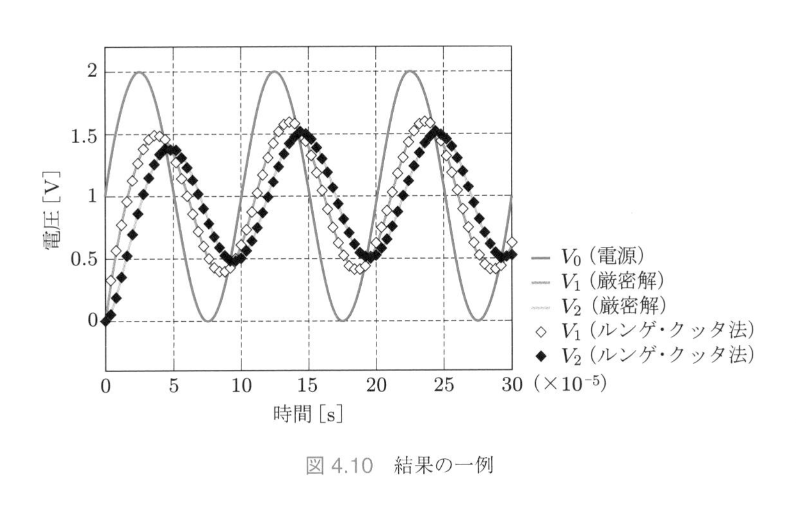

図 4.10　結果の一例

図 4.10 からわかるように，ルンゲ・クッタの 3 次の公式を用いた場合でも，節点電圧 V_1, V_2 とも厳密解と良好に一致する．

4.5　高階常微分方程式の解法

次に高階常微分方程式を解く例を説明する．すなわち，この場合には適当な変数を介して 1 階連立常微分方程式に変形し，それを解く．たとえば 2 階常微分方程式が

$$\frac{\mathrm{d}^2 y_1}{\mathrm{d}x^2} + \frac{\mathrm{d}y_1}{\mathrm{d}x} + y_1 = f(x) \tag{4.19}$$

として与えられた場合，

$$\frac{\mathrm{d}y_1}{\mathrm{d}x} = y_2 \tag{4.20}$$

とおくと，この微分方程式は

$$\frac{\mathrm{d}y_2}{\mathrm{d}x} + y_2 + y_1 = f(x) \tag{4.21}$$

であるから，

$$\frac{\mathrm{d}y_2}{\mathrm{d}x} = f(x) - y_1 - y_2 \tag{4.22}$$

となる．したがって，式 (4.20) と式 (4.22) の連立常微分方程式を解けば，式 (4.19) の解が得られることになる．

例題 4.5 ［高階常微分方程式］ 図 4.11 に示す L-C 直列回路において，回路に流れる電流とコンデンサの電荷のようすをオイラー法によって求めよ．なお，電流と電荷の厳密解は次式で与えられる．

$$q(t) = CE(1 - \cos\omega_0 t)$$
$$i(t) = \omega_0 CE \sin\omega_0 t$$

ただし，共振角周波数 $\omega_0 = 1/\sqrt{LC}$ とする．

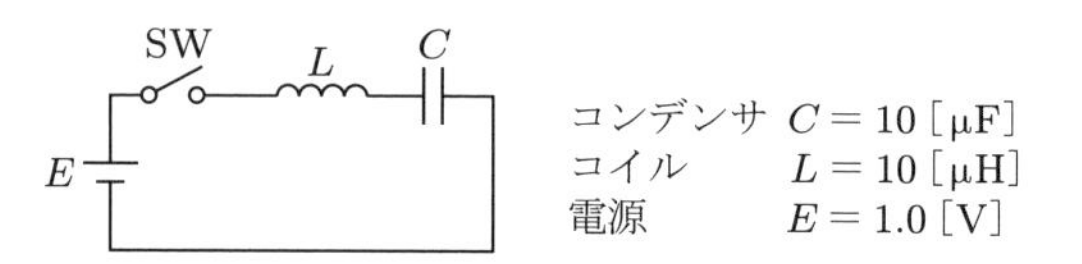

図 4.11 L-C 直列回路

解答

回路方程式は次に示す 2 階常微分方程式となる．

$$L\frac{\mathrm{d}^2q}{\mathrm{d}t^2} + \frac{q}{C} = E$$

［プログラム例］

```
# -----オイラー法による 2階微分方程式の解法-----
import numpy as np
import matplotlib.pyplot as plt

# -----初期値設定------
n = 0
t = 0.0
q = 0.0
```

```
q1 = 0.0
i = 0.0
i1 = 0.0
L = 1e-5   # インダクタンス
C = 1e-5   # コンダクタンス
E = 1.0    # 電源
omega_0 = 1 / np.sqrt(L * C)   # 共振角周波数
f = omega_0 / (2.0 * np.pi)    # 共振周波数
h = 1.0 / f / 30               # 微小時間 (1周期あたり 30ステップの計算)
tr = np.array([])
qr = np.array([])
q1r = np.array([])
ir = np.array([])
i1r = np.array([])

while n <= 3 * round(2 * np.pi / omega_0 / h):
    t = float(n) * h

# ------厳密解------
    q = C * E * (1 - np.cos(omega_0 * t))        # 電荷 (厳密解)
    i = omega_0 * C * E * np.sin(omega_0 * t)    # 電流 (厳密解)

# ------オイラー法------
    tr = np.append(tr, t)
    qr = np.append(qr, q)
    q1r = np.append(q1r, q1)
    ir = np.append(ir, i)
    i1r = np.append(i1r, i1)

    q1 += h * i1
    i1 += h * ((E - q1 / C) / L)

    n += 1

# -------グラフの描画-------
fig = plt.figure(figsize=(8.0, 6.0))

ax1 = fig.subplots()
ax2 = ax1.twinx()

# 軸の設定
ax1.set_xlabel("Time [s]")
ax1.set_ylabel("Charge [C]")
ax2.set_ylabel("Current [A]")

ax1.set_ylim(-1e-5, 2e-5)
ax2.set_ylim(-1, 2)
```

```
# グリッドの表示
ax1.grid(True)

# 電荷 (厳密解)
ax1.plot(tr, qr, color="k", label="Charge(Exact solution)")

# 電流 (厳密解)
ax2.plot(tr, ir, color="b", label="Current(Exact solution)",
         linestyle="dotted")

# 電荷 (オイラー法)
ax1.scatter(tr, q1r, color="g", label="Charge(Euler method)",
            marker="^")

# 電流 (オイラー法)
ax2.scatter(tr, i1r, color="r", label="Current(Euler method)",
            marker="o")

# 凡例の表示
ax1.legend()
ax2.legend()

plt.show()
```

【計算結果】

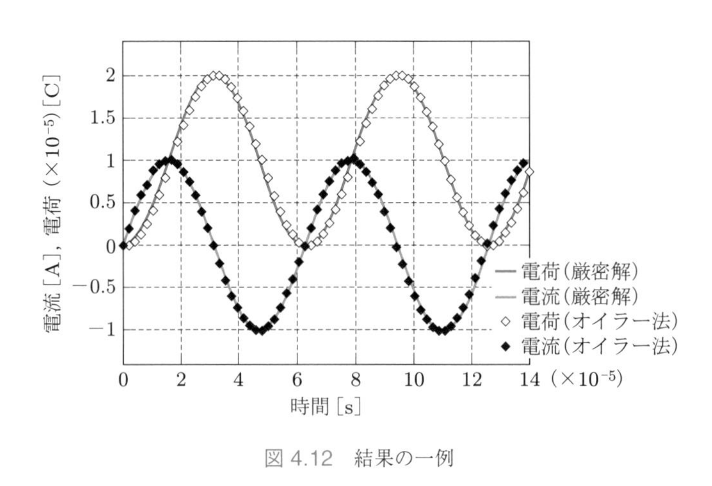

図 4.12 結果の一例

図 4.12 からわかるように，電流，電荷ともに厳密解とほぼ一致する．ルンゲ・クッタ法に比べて精度は落ちるが，簡潔であるため，この問題のように簡単に概形をつかめる．

○ 演習問題 ○

4.1 [テイラー法]　次の微分方程式の解を第 4 項までのテイラー法を用いて $0 \leq x \leq 3/10$ の範囲で求めよ．ただし，微小幅 $h = 1/10$ とする．

(1) $\dfrac{\mathrm{d}y}{\mathrm{d}x} = 3x^2 + 6x - y, \quad y(0) = y_0 = 1$

(2) $\dfrac{\mathrm{d}y}{\mathrm{d}x} = 2x^2 + 4x - y, \quad y(0) = y_0 = 1$

(3) $\dfrac{\mathrm{d}y}{\mathrm{d}x} = 2x^2 + 2x - 2y, \quad y(0) = y_0 = 1$

(4) $\dfrac{\mathrm{d}y}{\mathrm{d}x} = x^2 + 2x - y, \quad y(0) = y_0 = 1$

4.2 [オイラー・修正オイラー法]　次の微分方程式の数値解をオイラー法および修正オイラー法により $0 \leq x \leq 0.2$ の範囲で求めよ．ただし，微小幅 $h = 0.1$ とする．

(1) $\dfrac{\mathrm{d}y}{\mathrm{d}x} = 6x^2y, \qquad y(0) = 1$　　(2) $\dfrac{\mathrm{d}y}{\mathrm{d}x} = 3x^2y, \qquad y(0) = 1$

(3) $\dfrac{\mathrm{d}y}{\mathrm{d}x} = x - y + 1, \qquad y(0) = 1$　　(4) $\dfrac{\mathrm{d}y}{\mathrm{d}x} = 2x^2 + 2x - 2y, \qquad y(0) = 1$

4.3 [修正オイラー法]　次の微分方程式の数値解を修正オイラー法により $0 \leq x \leq 0.2$ の範囲で求めよ．ただし，微小幅 $h = 0.1$ とする．

$$\frac{\mathrm{d}y}{\mathrm{d}x} = x^2 + 2x - y, \qquad y(0) = 1$$

4.4 [常微分方程式]　次の常微分方程式の数値解をルンゲ・クッタの 3 次および 4 次の公式により $0 \leq x \leq 0.3$ の範囲で求めよ．ただし，微小幅 $h = 0.1$ とする．

$$\frac{\mathrm{d}y}{\mathrm{d}x} = xy, \qquad y(0) = 1$$

4.5 [連立常微分方程式]　次の連立微分方程式の解をオイラー法により $0 \leq x \leq 0.3$ の範囲で求めよ．ただし，微小幅 $h = 0.1$ とする．

(1) $\dfrac{\mathrm{d}y}{\mathrm{d}x} = -y + 2z, \quad \dfrac{\mathrm{d}y}{\mathrm{d}x} = -y + z, \qquad y(0) = 1, \quad z(0) = 1$

(2) $\dfrac{\mathrm{d}y}{\mathrm{d}x} = y - z, \quad \dfrac{\mathrm{d}y}{\mathrm{d}x} = 2y - z, \qquad y(0) = 1, \quad z(0) = 1$

(3) $\dfrac{\mathrm{d}y}{\mathrm{d}x} = z, \quad \dfrac{\mathrm{d}y}{\mathrm{d}x} = -y, \qquad y(0) = 1, \quad z(0) = 0$

(4) $\dfrac{\mathrm{d}y}{\mathrm{d}x} = -y + z, \quad \dfrac{\mathrm{d}y}{\mathrm{d}x} = -2y + z, \qquad y(0) = 1, \quad z(0) = 1$

4.6 [高階常微分方程式]　次の連立微分方程式の解で，初期条件 $x = 0$ において，$y = 1, \mathrm{d}y/\mathrm{d}x = 2$ を満たすものを微小幅 $h = 0.1$ として，$0 \leq x \leq 0.2$ の範囲でオイラー法により求めよ．

$$\frac{\mathrm{d}^2y}{\mathrm{d}x^2} = 2x + y^2$$

補間と近似

測定値からある関係（たとえば，実験式）を推定する方法が，補間と近似である．本章では，最小 2 乗法，および一般的なニュートンの補間法や高精度な補間が達成できるスプライン補間法について説明する．

5.1 最小 2 乗法

図 5.1 のように，V（電圧）と I（電流）の複数のデータから一定の関係を見つける問題を考える．すなわち，いいかえるとこの場合には次式の最確値 a, b を決定する問題となる．

$$V = aI + b \quad (a, b = \text{定数})$$

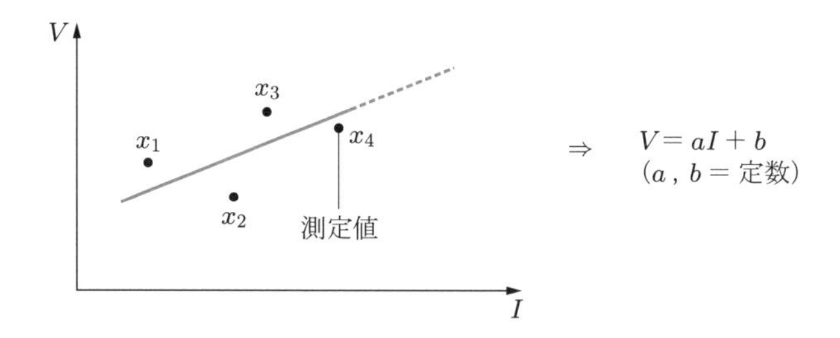

図 5.1　最小 2 乗法の概要

このような問題の解法として有力な最小 2 乗法について説明してみよう．すなわち，n 回の測定を $x_1, x_2, \ldots, x_n$ とし，その最確値を x_m とすると，x_i の測定値を得る確率 P_{xi} は次式のように確率誤差関数に比例する．ここで，σ は標準偏差，σ^2 は分散である．

$$P_{xi} \propto \frac{1}{\sigma\sqrt{2\pi}} \exp\left\{-\frac{(x_i - x_m)^2}{2\sigma^2}\right\} \tag{5.1}$$

よって，$x_1, x_2, \ldots, x_n$ なる測定値が得られる確率は

$$P_{x_1,x_2,\ldots,x_n} \propto \left(\frac{1}{\sigma\sqrt{2\pi}}\right)^n \exp\left[-\frac{1}{2\sigma^2}\left\{(x_1-x_m)^2 + (x_2-x_m)^2+\cdots+(x_n-x_m)^2\right\}\right] \tag{5.2}$$

となる．一方，上の 1 組の測定値が現実に得られることは，得られる確率の式 (5.2) において，$P_{x_1,x_2,\ldots,x_n}$ が最大となっているはずである．つまり，式 (5.2) では

$$S = (x_1-x_m)^2+(x_2-x_m)^2+\cdots+(x_n-x_m)^2 = \text{最小} \tag{5.3}$$

が成り立ち，$\partial S/\partial x_m = 0$ より，最確値 x_m を導出すると，

$$x_m = \frac{1}{n}(x_1+x_2+\cdots+x_n) \tag{5.4}$$

となる．次に，測定値 x と y との間に，簡単のために

$$y = ax + b \tag{5.5}$$

の関係があるとし，x と y の測定値から a と b の最確値を決定する．つまり，式 (5.5) の直線を決めるために n 組の測定値 (x_i,y_i) が得られたとき，測定誤差のために $y_i-(ax_i+b) \neq 0$ となり，

$$S = \sum_{i=1}^{n}\{y_i-(ax_i+b)\}^2 \tag{5.6}$$

となる．

このように定義した S を最小にするように，a,b を定める．その条件は，$\partial S/\partial a = 0$ および $\partial S/\partial b = 0$ であり，

$$\sum_{i=1}^{n} y_i = a\sum_{i=1}^{n} x_i + nb, \qquad \sum_{i=1}^{n} x_iy_i = a\sum_{i=1}^{n} x_i^2 + b\sum_{i=1}^{n} x_i \tag{5.7}$$

となる．そして，上式を解いて，a,b は次のように決定される．

$$a = \frac{n\sum x_iy_i - (\sum x_i)(\sum y_i)}{n\sum x_i^2 - (\sum x_i)^2}$$

$$b = \frac{(\sum y_i)(\sum x_i^2) - (\sum x_iy_i)(\sum x_i)}{n\sum x_i^2 - (\sum x_i)^2} \tag{5.8}$$

このようにして，式 (5.8) より a,b の最確値が求められるので，標準偏差は

$$\sigma_y = \left\{\frac{\sum(y_i-ax_i-b)^2}{n}\right\}^{1/2} \tag{5.9}$$

となる．

一例として，$y = Ax+B$（A,B は定数）において x と y とを測定して表 5.1 のよ

表 5.1 測定データ

x	1	2	3	4
y	4.5	5.7	7.3	8.5

うな結果を得たとき，最小2乗法により A および B の最確値を求めてみよう．すなわち，

$$S = (4.5 - A - B)^2 + (5.7 - 2A - B)^2 + (7.3 - 3A - B)^2 + (8.5 - 4A - B)^2$$

となり，S が最小となる A,B の値を定めるため，A,B の一方を定数とみなして微分して0とおくと，次のようになる．

$$\frac{\partial S}{\partial A} = -2(4.5 - A - B) - 4(5.7 - 2A - B) - 6(7.3 - 3A - B) - 8(8.5 - 4A - B) = 0$$

$$\frac{\partial S}{\partial B} = -2(4.5 - A - B) - 2(5.7 - 2A - B) - 2(7.3 - 3A - B) - 2(8.5 - 4A - B) = 0$$

$$\therefore 60A + 20B - 143.6 = 0, \quad 20A + 8B - 52.0 = 0$$

このようにして得られた両式から，$A = 1.36$, $B = 3.10$ となる．なお，測定値を得たとき，これをグラフ上にプロットすることが重要であるが，曲線でプロットするときよりも直線にするほうがはるかに容易でありかつ簡明である．物理現象にしばしば現れる指数関数は，片対数 (semilog) 目盛または両対数目盛上で直線となるため，以下にいくつかの直線表示の例を示しておく．

1. $y = ae^{bx} \to \log y = bx + \log a$：
   片対数グラフ上で $\log y \sim x$ が直線
2. $y = ae^{bx+cx^2} \to \log\left(\frac{y}{y_1}\right)^{1/(x-x_1)} = cx + (b + cx_1)$, $y_1 = ae^{(bx_1+cx_1^2)}$：
   片対数グラフ上で $\log\left(\frac{y}{y_1}\right)^{1/(x-x_1)} \simeq x$ が直線
3. $y = a + bx + cx^2 \to \frac{y - y_1}{x - x_1} = cx + (b + cx_1)$, $y_1 = a + bx_1 + cx_1^2$：
   等分目盛グラフ上で $(y - y_1)/(x - x_1) \sim x$ が直線

2次曲線の場合，式 (5.5) は

$$y = ax^2 + bx + c \tag{5.10}$$

となり，式 (5.6) は

$$S = \sum_{i=1}^{n} \left\{ y_i - (ax_i^2 + bx_i + c) \right\}^2 \tag{5.11}$$

となる．S を最小にするように，a, b, c を定める．その条件は $\partial S/\partial a = 0$, $\partial S/\partial b = 0$, $\partial S/\partial c = 0$ であり，

$$\begin{aligned} a\sum_{i=1}^{n} x_i^4 + b\sum_{i=1}^{n} x_i^3 + c\sum_{i=1}^{n} x_i^2 &= \sum_{i=1}^{n} x_i^2 y_i \\ a\sum_{i=1}^{n} x_i^3 + b\sum_{i=1}^{n} x_i^2 + c\sum_{i=1}^{n} x_i &= \sum_{i=1}^{n} x_i y_i \\ a\sum_{i=1}^{n} x_i^2 + b\sum_{i=1}^{n} x_i + nc &= \sum_{i=1}^{n} y_i \end{aligned} \tag{5.12}$$

となる．上式により，a, b, c は行列を用いて次のように決定される．

$$\begin{pmatrix} a \\ b \\ c \end{pmatrix} = \begin{pmatrix} \sum x_i^4 & \sum x_i^3 & \sum x_i^2 \\ \sum x_i^3 & \sum x_i^2 & \sum x_i \\ \sum x_i^2 & \sum x_i & n \end{pmatrix}^{-1} \begin{pmatrix} \sum x_i^2 y_i \\ \sum x_i y_i \\ \sum y_i \end{pmatrix} \tag{5.13}$$

さて，次の例題で最小 2 乗法を用いて直線近似するプログラムを考えてみる．

例題 5.1 ［最小 2 乗法］ 最小 2 乗法をプログラム化し，先に説明した例題を解け．すなわち，$y = ax + b$（a, b は定数）において，x と y とを測定し，表 5.2 のような結果を得たとき，a および b の最確値を求めよ．

表 5.2 測定データ

x	1	2	3	4
y	4.5	5.7	7.3	8.5

解答

［プログラム例］

```
# ------最小2乗法を用いた 1次関数による近似------
import numpy as np

def ls_method(x, y):
    n = len(x)
    a = ((np.dot(x, y) * n - y.sum() * x.sum())
         / ((x ** 2).sum() * n - x.sum() ** 2))
    b = (y.sum() - a * x.sum()) / n
    return a, b
```

```
# ------入力------
x = np.array([1, 2, 3, 4])
y = np.array([4.5, 5.7, 7.3, 8.5])

# ------結果の出力------
print("***最小2乗法を使って最確値を求める***\n 最確値は以下のように求められました")
print("a =", ls_method(x, y)[0])
print("b =", ls_method(x, y)[1])
```

このプログラムの入力と出力結果は以下のようになる.

【入力】

```
1    4.5
2    5.7
3    7.3
4    8.5
```

【出力】

```
***最小 2乗法を使って最確値を求める***
最確値は以下のように求められました
a = 1.3599999999999994
b = 3.1000000000000014
```

5.2 ニュートンの補間法

関数形 $(y = f(x))$ がわからないが, 独立変数 x の離散値 x_j と従属変数 y の離散値 y_j から, 関数 $y = f(x)$ の概形を決定する方法として, ニュートンの補間法を説明する. すなわち, ニュートンの補間公式は次のように表される.

$$\begin{aligned} y = f(x) = y_0 &+ \frac{(x-x_0)}{1!}\frac{\Delta y_0}{h} + \frac{(x-x_0)(x-x_1)}{2!}\frac{\Delta^2 y_0}{h^2} + \cdots \\ &+ \frac{(x-x_0)(x-x_1)\cdots(x-x_{n-1})}{n!}\frac{\Delta^n y_0}{h^n} + \cdots \end{aligned}$$

$(\Delta^n y_0$は n 階の前進差分を示す.$)$ (5.14)

さて, この補間公式の導出法について以下に示してみる. すなわち, 従属変数 y の離散値 y_s は次のように表される.

$$
\begin{aligned}
y_1 &= y_0 + \Delta y_0 = (1+\Delta)y_0 \\
y_2 &= y_1 + \Delta y_1 = (1+\Delta)y_0 + \Delta(1+\Delta)y_0 = (1+\Delta)^2 y_0 \\
&\ \vdots \\
y_s &= (1+\Delta)^s y_0
\end{aligned} \tag{5.15}
$$

ここで，二項定理より

$$
(1+\Delta)^s y_0 = \sum_{r=0}^{s} \binom{s}{r} \Delta^r y_0 \tag{5.16}
$$

であるから，式 (5.15) は

$$
\begin{aligned}
y_s = f(x_s) = y_0 &+ \frac{s}{1!}\Delta y_0 + \frac{s(s-1)}{2!}\Delta^2 y_0 + \cdots \\
&+ \frac{s(s-1)\cdots(s-n+1)}{n!}\Delta^n y_0 + \cdots
\end{aligned} \tag{5.17}
$$

となる．これをニュートンの（前進）補間公式とよぶ．さらに，格子点の離散値を用いて，x_s は

h h h h h
x_0 x_1 x_2 x_s x_{n-1} x_n

$$
x_s = x_j + h(s-j) \quad (j = 0, 1, 2, \ldots) \tag{5.18}
$$

のように書くことができる．この関係は書き直すと，

$$
s - j = \frac{x_s - x_j}{h} \quad (j = 0, 1, 2, \ldots) \tag{5.19}
$$

となり，具体的にはそれぞれ次のようになる．

$$
\begin{aligned}
s\ \ &= \frac{x - x_0}{h} \\
s-1 &= \frac{x - x_1}{h} \\
s-2 &= \frac{x - x_2}{h} \\
&\ \vdots
\end{aligned} \tag{5.20}
$$

そして，この式の $s,\ s-1,\ s-2,\ \ldots$ を式 (5.17) に代入することで式 (5.14) に達する．

例題 5.2 ［ニュートンの補間法］　一例として，表 5.3 のような電圧と電流の測定結果を得た場合，この離散データを電圧の測定範囲内において 0.1 V 刻みで補間することを考える．プログラムから差分表を作成し，ニュートンの補間公式 (5.17) を用いて関数の概形を求めよ．

表 5.3　電圧と電流の測定結果

$y = E\,[\mathrm{V}]$	$x = I\,[\mathrm{mA}]$	Δy	$\Delta^2 y$	$\Delta^3 y$	$\Delta^4 y$	$\Delta^5 y$	$\Delta^6 y$
−1.5	−1.122182						
−1.0	0.841471						
−0.5	0.539353						
0.0	0.000000						
0.5	0.779067						
1.0	2.524414						
1.5	3.366545						

解答

［プログラム例］

```
# −−−−−ニュートンの補間法−−−−−
import numpy as np
import matplotlib.pyplot as plt

# −−−−−初期値設定−−−−−−
i = [-1.122182, 0.841471, 0.539353, 0.000000, 0.779067, 2.524414,
     3.366545]    # 電流測定データ
em = [-1.5, -1.0, -0.5, 0.0, 0.5, 1.0, 1.5]    # 電圧測定データ
er = np.array([])
g2r = np.array([])
g4r = np.array([])
g6r = np.array([])

dif = np.zeros((100, 6))

# −−−−−差分表の作成−−−−−−
for n in range(6):
    dif[n][0] = i[n+1] - i[n]    # dif 一列目作成
    for m in range(5):
        dif[n-(m+1)][(m+1)] = dif[n-m][m] - dif[n -(m+1)][m]
        # dif 二列目以降作成

print("m x dif1 dif2 dif3 dif4 dif5 dif6")
for n in range(1, 8):
    print(n, ("{: .6f} "*7).format((i[n - 1]),*dif[n - 1, ]))
```

```
# ------前進差分-------
for e in np.arange(-1.5, 1.6, 0.1):
    s = 2.0 * e + 3.0

# ------2階差分までの考慮した補間-------
    g2 = i[0] + s * dif[0][0] \
              + s * (s-1) * dif[0][1] / 2.0

# ------4階差分までの考慮した補間-------
    g4 = i[0] + s * dif[0][0] \
              + s * (s-1) * dif[0][1] / 2.0 \
              + s * (s-1) * (s-2) * dif[0][2] / 6.0 \
              + s * (s-1) * (s-2) * (s-3) * dif[0][3] / 24.0

# ------6階差分までの考慮した補間-------
    g6 = i[0] + s * dif[0][0] \
              + s * (s-1) * dif[0][1] / 2.0 \
              + s * (s-1) * (s-2) * dif[0][2] / 6.0 \
              + s * (s-1) * (s-2) * (s-3) * dif[0][3] / 24.0 \
              + s * (s-1) * (s-2) * (s-3) * (s-4) \
                * dif[0][4] / 120.0 \
              + s * (s-1) * (s-2) * (s-3) * (s-4) * (s-5) \
                * dif[0][5] / 720.0

    er = np.append(er, e)
    g2r = np.append(g2r, g2)
    g4r = np.append(g4r, g4)
    g6r = np.append(g6r, g6)

# -------グラフの描画-------
fig = plt.figure(figsize=(8.0, 6.0))
# 軸の設定
plt.xlabel("Voltage [V]")
plt.xlim(-1.5, 1.5)

plt.ylabel("Current [mA]")
plt.ylim(-2, 4)
# グリッドの表示
plt.grid(True)

plt.scatter(em, i, color="k", label="Measurement", marker="^")
                                # 測定データ
plt.plot(er, g2r, color="b", label="2nd order differential")
                                # 2階差分まで用いた場合
plt.plot(er, g4r, color="g", label="4th order differential",
         linestyle="dotted")    # 4階差分まで用いた場合
plt.plot(er, g6r, color="r", label="6th order differential",
         linestyle="dashed")    # 6階差分まで用いた場合
```

```
# 凡例の表示
plt.legend()

plt.show()
```

差分表の出力と計算結果は以下のようになる．

【差分表の出力例】

```
m    x         dif1      dif2      dif3      dif4      dif5      dif6
1 -1.122182  1.963653 -2.265771  2.028536  -.472881 -1.434914  1.825353
2   .841471  -.302118  -.237235  1.555655 -1.907795   .390439   .000000
3   .539353  -.539353  1.318420  -.352140 -1.517356   .000000   .000000
4   .000000   .779067   .966280 -1.869496   .000000   .000000   .000000
5   .779067  1.745347  -.903216   .000000   .000000   .000000   .000000
6  2.524414   .842131   .000000   .000000   .000000   .000000   .000000
7  3.366545   .000000   .000000   .000000   .000000   .000000   .000000
```

【計算結果】

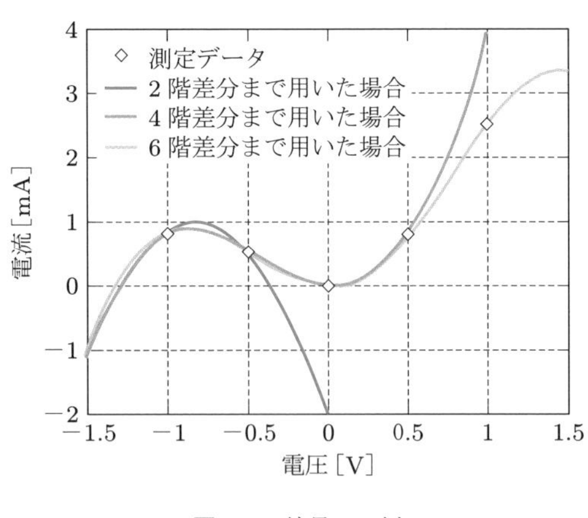

図 5.2　結果の一例

図 5.2 からわかるように，6 階差分まで考慮したニュートンの補間公式を用いれば十分な補間曲線が得られる．

5.3 スプライン補間法

区間 $[a,b]$ を与えられた n 個の分点で分割し，この小区間内をそれぞれ異なった多項式で $f(x)$ を近似する方法がスプライン関数による補間である．

いま，既知の離散点を $x_0, x_1, x_2, \ldots, x_n$ とし，その関数値 y_i をそれぞれ

$$y_i = f(x_i) \quad (i = 0, 1, 2, \ldots, n) \tag{5.21}$$

とする．また，これらの分点により区間 $[a,b]$ をさらに分割した小区間を

$$[x_j, x_{j+1}] \quad (0 \leq j \leq n-1) \tag{5.22}$$

$$a = x_0 \leq x_1 \leq x_2 \leq \cdots \leq x_n = b \tag{5.23}$$

とする．このとき，分割された各小区間で近似する m 次多項式を区分多項式とよぶ．

さて，区間 $[a,b]$ で 2 回連続微分可能な 3 次の区分多項式は，とくにスプライン関数とよばれ，これを $s(x)$ とする．このスプライン関数は小区間 $[x_j,\, x_j+1]$ において次に示す 3 次多項式で表される．

$$s_j(x) = \sum_{i=0}^{3} a_{ji} x^i \quad (0 \leq j \leq n-1) \tag{5.24}$$

ここで，a_{ji} は任意の係数である．

そして，このように定義されるスプライン関数に課せられる条件は，図 5.3 において次のとおりであり，第 2 微分まで含めて $S_{j-1}(x)$ と $S_j(x)$ の連続性を保障する．

$$s_j(x_j) = f_j \qquad (0 \leq j \leq n-1) \tag{5.25}$$

$$s_{j-1}(x_j) = f_j \qquad (1 \leq j \leq n) \tag{5.26}$$

$$s'_{j-1}(x_j) = s'_j(x_j) \quad (1 \leq j \leq n-1) \tag{5.27}$$

$$s''_{j-1}(x_j) = s''_j(x_j) \quad (1 \leq j \leq n-1) \tag{5.28}$$

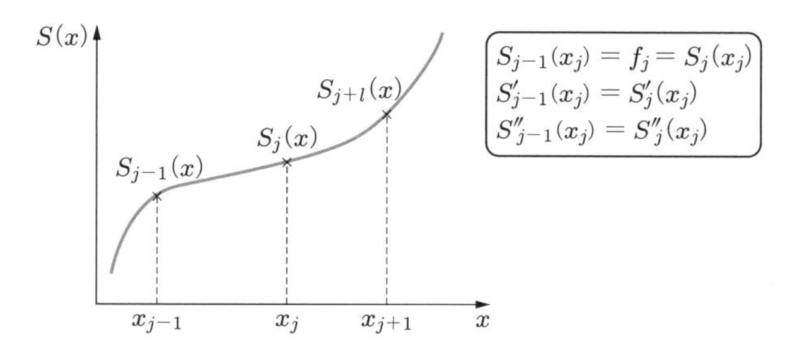

図 5.3 スプライン補間の概要

これらの条件式は全部で $4n-2$ 個であり，未知数は $4n$ 個であるから条件が $2n$ 個不足する．したがって，端点条件（$x=x_0$ と $x=x_n$）として，

$$s_0''(x_0)=\alpha, \qquad s_{n-1}''(x_n)=\beta \tag{5.29}$$

あるいは

$$s_0'(x_0)=\alpha_1, \qquad s_{n-1}'(x_n)=\beta_1 \tag{5.30}$$

を適用する．

さて，未知数の数を減らすための2次微分係数を

$$s_{j-1}''(x_j)=s_j''(x_j)=u_j \quad (1\le j\le n-1) \tag{5.31}$$

とする方程式について考えてみる．すなわち，いま，式 (5.24) を2回微分すると，

$$s_j''(x)=2a_{j2}+6a_{j3}x \tag{5.32}$$

となる．この式に x_j および x_{j+1} を代入し，式 (5.31) を求めると，

$$s_j''(x_j)=2a_{j2}+6a_{j3}x_j=u_j \tag{5.33}$$

$$s_j''(x_{j+1})=2a_{j2}+6a_{j3}x_{j+1}=u_{j+1} \tag{5.34}$$

となる．そして，これより a_{j2}, a_{j3} を求めると，

$$a_{j2}=\frac{1}{2\Delta h_j}(x_{j+1}u_j-x_ju_{j+1}) \tag{5.35}$$

$$a_{j3}=\frac{1}{6\Delta h_j}(u_{j+1}-u_j) \tag{5.36}$$

となる．ここに，

$$\Delta h_j=x_{j+1}-x_j \quad (0\le j\le n-1) \tag{5.37}$$

となる．また式 (5.35)，(5.36) を式 (5.32) に代入して整理すると，

$$s_j''(x)=\frac{1}{\Delta h_j}\left\{-(x-x_{j+1})u_j+(x-x_j)u_{j+1}\right\} \tag{5.38}$$

となる．そして，積分定数を c_1, c_2 とし，式 (5.38) を2回積分すると，

$$s_j(x)=\frac{1}{\Delta h_j}\left\{-\frac{u_j}{6}(x-x_{j+1})^3+\frac{u_{j+1}}{6}(x-x_j)^3\right\}+c_1x+c_2 \tag{5.39}$$

となる．ここで，式 (5.25) および $j\to j+1$ とした式 (5.26) を上式に代入して c_1, c_2 を決定し，整理すると，

$$s_j(x) = -\frac{u_j}{6\Delta h_j}(x - x_{j+1})^3 + \frac{u_{j+1}}{6\Delta h_j}(x - x_j)^3 + \left(\frac{f_{j+1}}{\Delta h_j} - \frac{u_{j+1}\Delta h_j}{6}\right)(x - x_j) - \left(\frac{f_j}{\Delta h_j} - \frac{u_j \Delta h_j}{6}\right)(x - x_{j+1}) \tag{5.40}$$

が得られる．そしてさらにこれを 1 回微分し，$j \to j-1$ とした後，$x = x_j$ とすると，

$$s'_{j-1}(x_j) = \frac{\Delta h_{j-1}}{3}u_j + \frac{f_j}{\Delta h_{j-1}} + \frac{\Delta h_{j-1}}{6}u_{j-1} - \frac{f_{j-1}}{\Delta h_{j-1}} \tag{5.41}$$

となり，また式 (5.40) を微分した式で $x = x_j$ とすると，

$$s'_j(x_j) = -\frac{\Delta h_j}{3}u_j + \frac{f_{j+1}}{\Delta h_j} - \frac{\Delta h_j}{6}u_{j+1} - \frac{f_j}{\Delta h_j} \tag{5.42}$$

となる．ここで，式 (5.27) より両者を等しいとおくと，

$$\frac{\Delta h_j}{6}u_{j+1} + \left(\frac{\Delta h_{j-1} + \Delta h_j}{3}\right)u_j + \frac{\Delta h_{j-1}}{6}u_{j-1} = \frac{1}{\Delta h_j}f_{j+1} - \left(\frac{1}{\Delta h_j} + \frac{1}{\Delta h_{j-1}}\right)f_j + \frac{1}{\Delta h_{j-1}}f_{j-1} \tag{5.43}$$

となる．また，u_j は $j = 0$ および n では式 (5.29) より，

$$u_0 = \alpha, \qquad u_n = \beta \tag{5.44}$$

であるから，式 (5.43)，(5.44) より求められた $u_0 \sim u_n$ を式 (5.40) に代入して，スプライン関数を構成する 3 次多項式 $s_j(x)$ が決定される．なお，式 (5.43) は行列を用いて次のように表され，第 3 章の連立 1 次方程式の解法を用いて求められる．

$$\begin{bmatrix} 2(\Delta h_0 + \Delta h_1) & \Delta h_1 & 0 & 0 & 0 & 0 \\ \Delta h_1 & 2(\Delta h_1 + \Delta h_2) & \Delta h_2 & 0 & 0 & 0 \\ 0 & \Delta h_2 & 2(\Delta h_2 + \Delta h_3) & \Delta h_3 & 0 & 0 \\ \vdots & \vdots & \vdots & \vdots & \vdots & \vdots \\ 0 & 0 & 0 & 0 & \Delta h_{n-3} & 2(\Delta h_{n-3} + \Delta h_{n-2}) \end{bmatrix} \begin{bmatrix} u_1 \\ u_2 \\ \vdots \\ u_{n-2} \end{bmatrix} = \begin{bmatrix} 6\left(\frac{f_2 - f_1}{\Delta h_1} - \frac{f_1 - f_0}{\Delta h_0}\right) \\ 6\left(\frac{f_3 - f_2}{\Delta h_2} - \frac{f_2 - f_1}{\Delta h_1}\right) \\ \vdots \\ 6\left(\frac{f_{n-1} - f_{n-2}}{\Delta h_{n-2}} - \frac{f_{n-2} - f_{n-3}}{\Delta h_{n-3}}\right) \end{bmatrix} \tag{5.45}$$

さて，次の例題で実際にスプライン補間をプログラム化し，関数の補間を行ってみよう．

例題 5.3 [スプライン補間法]　(1)　正弦関数 $\sin\theta$ において，$\theta = 0°, 60°, 120°, 180°, 240°, 300°, 360°$ の 7 点を用いて補間した結果を求めよ．また，$\theta = 15°, 75°, 105°, 165°$ における補間値と計算値を比較せよ．

(2)　表 5.4 に示す実験値の一例を補間せよ．

表 5.4　実験値

x	6.0	9.5	11.0	13.0	14.0	16.0	18.0	20.0
y	10.0	7.5	7.0	7.5	9.0	10.5	9.0	7.0

解答

[プログラム例]

```
# ------スプライン補間法------
import numpy as np
import matplotlib.pyplot as plt

# ------ガウス・ザイデル法 (連立方程式の解法に用いる)------
def gaussseidel(A, b):
    # 初期値設定
    x_k = np.zeros_like(b)
    error = 1e3
    ex = 1e-12
    # 計算に用いる各係数の設定
    LD_tr_m = np.tril(A)                # A の下三角行列 (対角行列含む)
    U_tr_m = A - LD_tr_m                # A の上三角行列 (対角行列除く)
    L_inv = np.linalg.inv(LD_tr_m)      # LD_tr_m の逆行列

    while error > ex:
        x_k1 = np.dot(L_inv, b - np.dot(U_tr_m, x_k))
        error = np.abs(np.max(x_k1 - x_k))
        x_k = x_k1
    return x_k

# ------2次微分係数------
def spline(data_x, data_y):
    # 計算に用いる各係数の初期化
    n = len(data_x)
    h_j = np.zeros_like(data_x)     # data_x の前進差分
    df_j = np.zeros_like(data_x)    # data_y の前進差分
    # 連立方程式の右辺 (定数成分, 一列の 1次元配列)
    v_j = (np.reshape(np.zeros(n - 2), (1, n - 2))).T
    A = np.zeros((n - 2, n - 2))    # 連立方程式の係数

    # 連立方程式の計算
    for j in range(n - 1):
```

```
        h_j[j] = data_x[j+1] - data_x[j]     # data_x の前進差分
        df_j[j] = data_y[j+1] - data_y[j]    # data_y の前進差分

    for j in range(1, n - 1):    # 連立方程式の右辺 (定数成分)
        v_j[j-1, 0] = 6 * (df_j[j] / h_j[j]
                           - df_j[j-1] / h_j[j-1])

    for j in range(n - 2):       # 変数の係数
        if j > 0:
            A[j, j-1] = h_j[j]
        A[j, j] = 2 * (h_j[j] + h_j[j+1])
        if j < n - 3:
            A[j, j+1] = h_j[j+1]
    u_j = gaussseidel(A, v_j)    # ガウス・ザイデル法を用いた連立方程式の解
    u_j = np.append(0, u_j)      # 先頭に 0を追加
    u_j = np.append(u_j, 0)      # 末尾に 0を追加
    return u_j, h_j


# ------入力------
# 入力データ
x = np.array([0, 60, 120, 180, 240, 300, 360])
data_x = x * np.pi / 180
data_y = np.sin(data_x)
# 補間数
nn = 100
# スプライン関数の計算
u_j, h_j = spline(data_x, data_y)
# 空の配列の設定
spline_x = np.empty((0, nn))
spline_y = np.empty((0, nn))

# ------出力 (グラフの描画)------
fig = plt.figure(figsize=(8.0, 6.0))  # グラフサイズの設定
# スプライン補間値
for j in range(len(data_x) - 1):  # 各区間における補間値の計算
    sec_spline_x = np.linspace(data_x[j], data_x[j+1], nn,
                               endpoint=False)
    spline_x = np.append(spline_x, sec_spline_x)
    # スプライン補間値の計算
    sec_spline_y = -u_j[j]/(6*h_j[j]) \
        * (sec_spline_x-data_x[j+1])**3 \
        + u_j[j+1]/(6*h_j[j]) \
        * (sec_spline_x-data_x[j])**3 \
        + (data_y[j+1]/h_j[j]-u_j[j+1]*h_j[j]/6) \
        * (sec_spline_x-data_x[j]) \
        - (data_y[j]/h_j[j]-u_j[j]*h_j[j]/6) \
        * (sec_spline_x-data_x[j+1])
```

```
    spline_y = np.append(spline_y, sec_spline_y)

plt.plot(spline_x, spline_y, color="b",
         label="Spline interplation")

# 理論値
sin_x = np.linspace(0, 2*np.pi, 200)
sin_y = np.sin(sin_x)
plt.plot(sin_x, sin_y, color="r", linestyle="dotted",
         label = "Theory value")

#  与えられたデータ
plt.scatter(data_x, data_y, color="k", label="data")

# グラフの設定
# 軸の設定
plt.xlabel("degree")
plt.ylabel("y")
plt.xlim(0, 2*np.pi)
plt.ylim(-1, 1)

# グリッドの表示
plt.grid(True)

# 凡例の表示
plt.legend()

plt.show()
```

このプログラムの入力と出力結果は以下のようになる.

【入力】

```
7                <---  全座標データ数
0.0      0.0     <---  座標データ (X,Y)
60.0     0.866
120.0    0.866
180.0    0.0
240.0   -0.866
300.0   -0.866
360.0    0.0
```

【出力】

```
    X           Y
  .000    .00000E+00
  .900    .15587E-01
 1.800    .31171E-01
 2.700    .46748E-01
  ⋮            ⋮
```

(1) の問題において補間曲線の計算結果は，図 5.4 のようになる．また，正弦関数 $\sin(\theta)$ の $\theta = 15°, 75°, 105°, 165°$ における補間値と，計算値を表 5.5 に示す．
(2) の問題のおいて，実験値の一例を補間した結果をグラフで表すと，図 5.5 に示す結果となる．

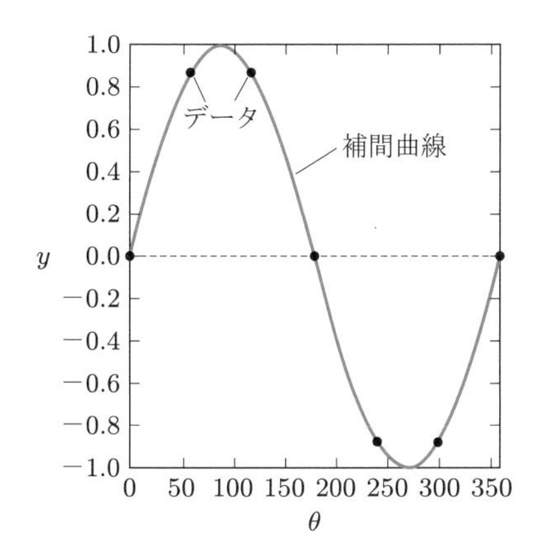

図 5.4　正弦関数のスプライン補間

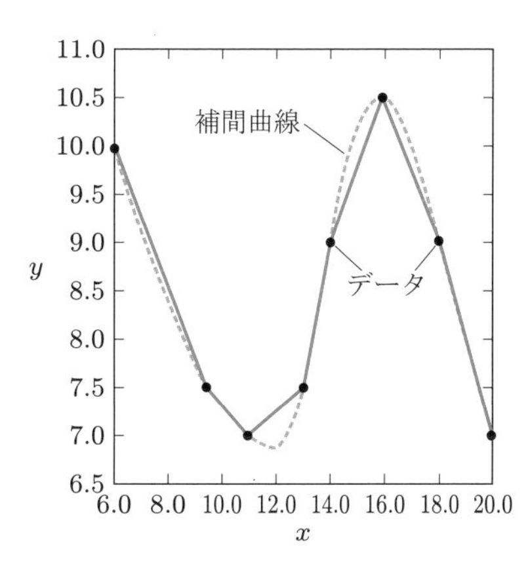

図 5.5　実験値のスプライン補間曲線

表 5.5　補間値と計算値の比較

x	15°	75°	105°	165°
補間値 (y)	0.262	0.966	0.962	0.262
計算値 (y)	0.259	0.966	0.967	0.259

○ 演習問題 ○

5.1 [最小 2 乗法]　次のデータに対する近似直線を最小 2 乗法により求めよ.

(1)

x	1	2	3	4
y	4	3	1	0

(2)

x	1	2	3	4
y	0	1	4	5

(3)

x	1	2	3	4
y	0	2	3	5

(4)

x	1	2	3	4
y	0	2	4	4

(5)

x	1	2	3	4
y	0	1	2	4

(6)

x	1	2	3	4
y	1	1	2	3

5.2 [最小 2 乗法 2 次の場合]　次のデータに対する近似 2 次曲線を最小 2 乗法により求めよ.

x	0	1	2	3
y	0	-1	1	4

5.3 [ニュートンの補間法]　以下の 4 点を通る 3 次ニュートン補間多項式を求めよ.

x	0	1	2	3
$f(x)$	2	3	2	5

5.4 [スプライン補間法]　表の値をとる関数 $f(x)$ のスプライン関数 $s(x)$ を求めよ．ただし，端点条件として，2 次微分係数を $u_0 = u_3 = 0$ とする.

(1)

x	0	1	2
y	3	1	5

(2)

x	0	1	2
y	0	1	6

(3)

x	0	1	2	3
y	-1	1	1	3

(4)

x	0	1	2	3
y	0	1	1	2

(5)

x	0	1	2	3
y	2	1	1	0

第6章 偏微分方程式

境界値問題として，直交座標系や円筒座標系において，変数分離法などにより解くことのできる偏微分方程式は，一般的なものに限られる．しかし，実際の場合，さまざまな境界（任意形状）に対して，ラプラスの方程式や波動方程式などを解く必要性に直面する場合が多い．本章では，最近の数値計算法の中から，差分法，時間領域差分法（FDTD 法），モーメント法および有限要素法について，身近な例題をもとに基礎を説明する．

6.1 差分法

3.1 節で示した差分の考え方を用いて，2 次元のラプラスの方程式

$$\frac{\partial^2 \phi}{\partial x^2} + \frac{\partial^2 \phi}{\partial y^2} = 0 \tag{6.1}$$

に関するディリクレ問題（ϕ の境界値が与えられていて，境界内部の ϕ を決める問題）を考える．格子点間隔において，x 軸方向を Δx，y 軸方向を Δy とすると，境界内外の格子点（x_i, y_i）は（$i\Delta x, j\Delta y$）で表される．習慣的に

$$\frac{\partial^2 \phi}{\partial x^2} \to \Delta_x^2 \phi_{i-1,j} = \frac{\phi_{i+1,j} - 2\phi_{i,j} + \phi_{i-1,j}}{(\Delta x)^2} \tag{6.2}$$

$$\frac{\partial^2 \phi}{\partial y^2} \to \Delta_y^2 \phi_{i,j-1} = \frac{\phi_{i,j+1} - 2\phi_{i,j} + \phi_{i,j-1}}{(\Delta y)^2} \tag{6.3}$$

というように離散値で表すと，式 (6.1) のラプラスの方程式を整理して書き，容易に次の差分式を得る．

$$\phi_{i,j} = \frac{(\Delta x)^2 (\phi_{i,j+1} + \phi_{i,j-1}) + (\Delta y)^2 (\phi_{i+1,j} + \phi_{i-1,j})}{2\{(\Delta x)^2 + (\Delta y)^2\}} \tag{6.4}$$

このとき，とくに $\Delta x = \Delta y$ の場合には

$$\phi_{i,j} = \frac{\phi_{i,j+1} + \phi_{i,j-1} + \phi_{i+1,j} + \phi_{i-1,j}}{4} \tag{6.5}$$

とも表すことができる．このことは，図 6.1 からもわかるように，ある格子点での ϕ の値は，その周囲の 4 点から計算されることを示す．とくに $\Delta x = \Delta y$ の場合には，その 4 点の算術平均として求められる．図では内部格子点が x 軸方向に 5，y 軸方向に 6 であるため，式 (6.4) あるいは式 (6.5) が $5 \times 6 = 30$ 個出てくることになる．この図で青線の部分の値はディリクレ問題として既知量であるから，a 点の $\phi_{1,1}$ は式 (6.5) を用いるとすると，

$$\phi_{1,1} = \frac{\phi_{1,2} + \phi_{1,0} + \phi_{2,1} + \phi_{0,1}}{4} \tag{6.6}$$

となるが，$\phi_{1,0}$ および $\phi_{0,1}$ には境界値として既知の値を代入する．未知数 $\phi_{1,2}$ および $\phi_{2,1}$ についても同様に式 (6.6) のような式が書け，いもづる式につらなった未知数 30 個に対する 30 個の連立方程式が出てくる．

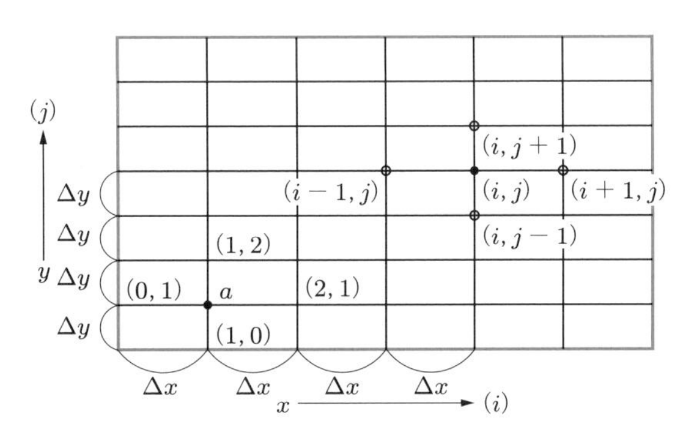

図 6.1　内部格子点の一例

さて，以上の式 (6.6) をコンピュータを用いて解くために次のように考える．すなわち，格子点のポテンシャルについて初期値として $\phi_0^{(1)}, \phi_1^{(1)}, \phi_2^{(1)}, \ldots$ を与える．第 2 近似として，

$$\phi_0^{(2)} = \frac{1}{4}\left(\phi_1^{(1)} + \phi_2^{(1)} + \phi_3^{(1)} + \phi_4^{(1)}\right) \tag{6.7}$$

を与え，この計算過程を各格子点について順次繰り返す．ここで，計算の反復により各格子点のポテンシャルは，単調に減少あるいは増大するが収束の遅い場合が応々として生じる．そこで，収束の変化速度を次のようにして高めることができる．すなわち，n 回目の計算値の残差 $\epsilon_0^{(n)}$ を次のように定義する．

$$\epsilon_0^{(n)} = \phi_0^{(n)} - \frac{1}{4}\left(\phi_1^{(n)} + \phi_2^{(n)} + \phi_3^{(n)} + \phi_4^{(n)}\right) \tag{6.8}$$

そして，第（$n+1$）近似解は，加速係数 α を導入して次式により計算する．

$$\phi_0^{(n+1)} = \phi_0^{(n)} - \alpha\epsilon_0^{(n)} \tag{6.9}$$

この場合，α は数値計算上の経験から $0 \leq \alpha \leq 2$ とすれば，計算の収束性は向上することが知られている．

さて，以上の反復計算をプログラム化してみよう．

例題 6.1 [差分法] 差分法をプログラム化し，図 6.2 のような条件において，2 次元のラプラスの方程式の解を求めよ．ただし，境界面のポテンシャルは 0 であり，$y = 10$ $(0 \leq x \leq 10)$ 上にのみ，$\phi = 1000\sin(\pi x/10)$ を与えるものとする．また，試算領域を，縦，横それぞれ 16 分割するものとする．

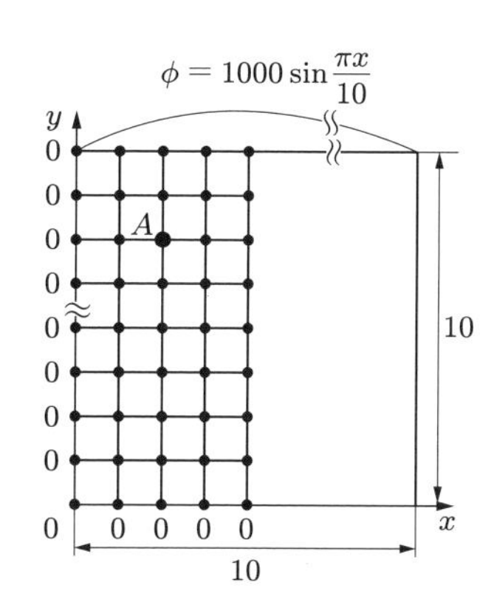

図 6.2 計算モデル

解答

[プログラム例]

```
# ------差分法によるラプラスの方程式の解法------
import numpy as np
from matplotlib import pyplot as plt
from mpl_toolkits.mplot3d import Axes3D

a = 10.0    # 1辺の長さ
nx = 16     # x 方向分割数
ny = 16     # y 方向分割数
dx = a / nx
dy = a / ny
phir = np.array([])

# ------初期条件-------
p = np.zeros((ny+1, nx+1))

# ------x,y 軸の範囲およびプロット数設定-------
x = np.linspace(0, a, nx+1)
```

```
y = np.linspace(0, a, ny+1)

# ------境界条件-------
for i in range(nx+1):
    phi = 1000 * np.sin(np.pi / nx * i)
    phir = np.append(phir, phi)
p[-1, :] = phir   # y = 10のときp = fai

plt.show()

# ------格子点のポテンシャル算出-------
target = 1e-4
l = 1

pr = np.empty_like(p)

while l > target:
    pr = p.copy()
    p[1:-1, 1:-1] = ((dy ** 2 * (pr[1:-1, 2:] + pr[1:-1, 0:-2])
                    + dx ** 2 * (pr[2:, 1:-1] + pr[0:-2, 1:-1]))
                    / (2 * (dx ** 2 + dy ** 2)))
    p[0, :] = 0        # y = 0のときp = 0
    p[-1, :] = phir    # y = 10のときp = fai
    l = (np.sum(np.abs(p[:]) - np.abs(pr[:]))
         / np.sum(np.abs(pr[:])))

fig = plt.figure(figsize=(16.0, 12.0))
ax = Axes3D(fig)
X, Y = np.meshgrid(x, y)
ax.scatter(X, Y, p[:], s=10)

ax.set(xlim=(0, 10), ylim=(0, 10), zlim=(0, 1000))
ax.set_xlabel("x", fontsize=30)
ax.set_ylabel("y", fontsize=30)
ax.set_zlabel("p", fontsize=30)
plt.tick_params(labelsize=20)

plt.show()
```

このようにして，収束判定条件をすべての点で n 回目の誤差 $\epsilon_0^{(n)}$ が 10^{-4} 以下とした場合の計算結果を図 6.3 に示す．なお，この場合，繰り返し計算数は 576 であり，図（b）には A 点におけるポテンシャルの収束性を示す．

【計算結果】

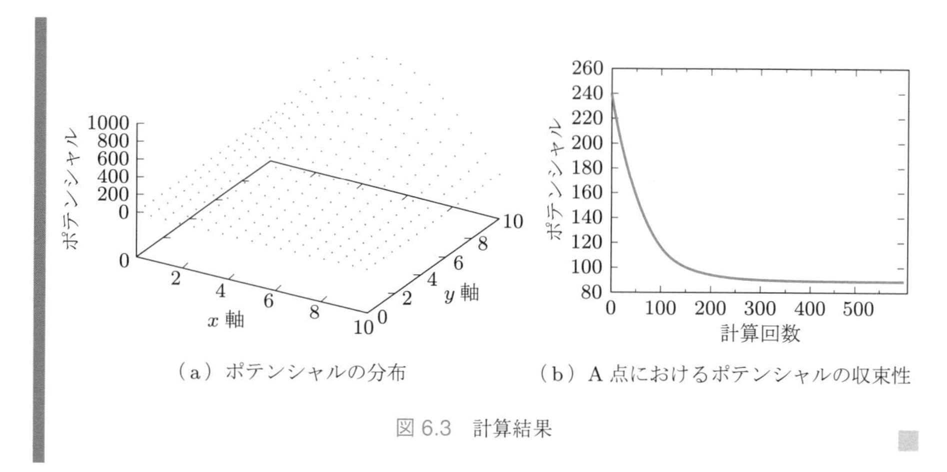

（a）ポテンシャルの分布　（b）A 点におけるポテンシャルの収束性

図 6.3 計算結果

6.2 時間領域差分法

6.1 節で先に説明した，差分法を時間領域まで拡張した方法が時間領域差分法（Finite Difference Time Domain：FDTD 法）である．この方法を一般的に考える場合，3 次元の問題として解く必要があるが，ここでは理解を用意にするために 2 次元の問題について考えることにする．また，解析は電気電子工学の分野で一般的に取り扱いの必要性の多い波動方程式とする．

● 6.2.1 ● 空間領域における差分化

2 次元の問題として，自由空間における TE_z 偏波（$E_z = 0$）の波に対する波動方程式を考える．この場合，波動方程式の回転方程式より，E_z は 0 であることを考慮すると，次の 3 つの方程式を得られる．

$$\varepsilon_0 \dot{E}_x = \frac{\partial H_z}{\partial y} \qquad \square \tag{6.10}$$

$$\varepsilon_0 \dot{E}_y = -\frac{\partial H_z}{\partial x} \qquad \bigcirc \tag{6.11}$$

$$\mu_0 \dot{H}_z = \frac{\partial E_x}{\partial y} - \frac{\partial E_y}{\partial x} \qquad \times \tag{6.12}$$

ここで，·（ドット）は時間微分（$\partial/\partial t$）を表している．この場合，それぞれの方程式は，大きさが $\Delta x \Delta y$ のセル構成を示す図 6.4 を参考にすると 2 点間の中央差分によって表すことができる．すなわち，式 (6.10) で表される $\dot{E}_x$（□値）は H_z（× 値）の中

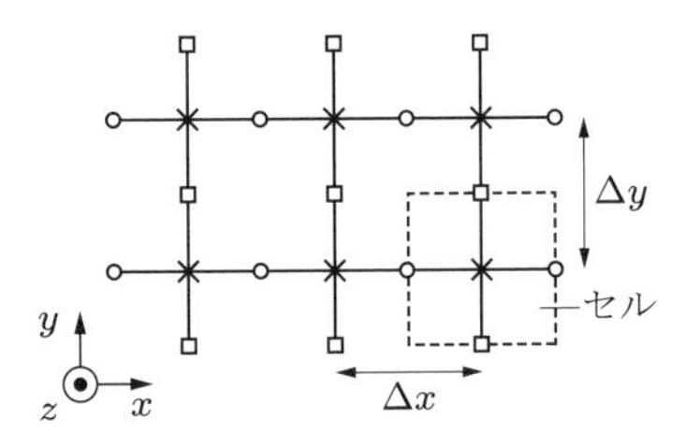

図 6.4 2次元の問題における解析モデル

央差分によって示され，式 (6.11) で示される $\dot{E}_y$（○値）は同様に H_z（× 値）で，さらに $\dot{H}_z$（× 値）は E_y（○値）と E_x（□値）のそれぞれの中央差分で示されることがわかる．

このような一連の考えから次のような1つのセルを考えてみる．ここで，各ポイントの座標は一般性をもたせるために次式のように定義する．

$$E_x\left(i+\frac{1}{2},j\right)=E_x\quad\left(x=\left(i+\frac{1}{2}\right)\Delta x,\qquad y=j\Delta y\right)\tag{6.13}$$

このように表すと，前述した式 (6.10) ∼ (6.12) で表される方程式の空間における差分化は次のように表すことができる．

$$\varepsilon_0\dot{E}_x\left(i+\frac{1}{2},j\right)=\frac{H_z\left(i+\frac{1}{2},j+\frac{1}{2}\right)-H_z\left(i+\frac{1}{2},j-\frac{1}{2}\right)}{\Delta y}\tag{6.14}$$

$$\varepsilon_0\dot{E}_y\left(i,j+\frac{1}{2}\right)=-\frac{H_z\left(i+\frac{1}{2},j+\frac{1}{2}\right)-H_z\left(i-\frac{1}{2},j+\frac{1}{2}\right)}{\Delta x}\tag{6.15}$$

$$\mu_0\dot{H}_z\left(i+\frac{1}{2},j+\frac{1}{2}\right)=\frac{E_x\left(i+\frac{1}{2},j+1\right)-E_x\left(i+\frac{1}{2},j\right)}{\Delta y}-\frac{E_y\left(i+1,j+\frac{1}{2}\right)-E_y\left(i,j+\frac{1}{2}\right)}{\Delta x}\tag{6.16}$$

さて，この差分法の意味をもう少し考えてみよう．すなわち，波動方程式にガウスの定理やストークスの定理を適用すると，一般に次のようにアンペールの法則やファラデーの法則を導けることは周知のとおりである．

$$\iint_S \dot{\boldsymbol{D}} \cdot \mathrm{d}\boldsymbol{S} = \oint_l \boldsymbol{H} \cdot \mathrm{d}\boldsymbol{l} \tag{6.17}$$

$$\iint_S \dot{\boldsymbol{B}} \cdot \mathrm{d}\boldsymbol{S} = -\oint_l \boldsymbol{E} \cdot \mathrm{d}\boldsymbol{l} \tag{6.18}$$

なお，S はここで考えている仮想面であり，l はその周囲である．

ここで，$\Delta x \Delta y$ がきわめて小さければ，このセル内で $\dot{H}_z$ が一様であると仮定できるので，この仮定をもとに式 (6.18) で示されるファラデーの法則を差分式 (6.14) ～ (6.16) を用いて検討している．この結果のファラデーの法則は，図 6.5 で示すセルモデルを用いて次式のように表される．

$$\begin{aligned}
&\mu_0 \dot{H}_z\left(i+\frac{1}{2}, j+\frac{1}{2}\right)\Delta x \Delta y \\
&\approx -E_x\left(i+\frac{1}{2}, j\right)\Delta x + E_y\left(i, j+\frac{1}{2}\right)\Delta y \\
&\quad + E_x\left(i+\frac{1}{2}, j+1\right)\Delta x - E_y\left(i+1, j+\frac{1}{2}\right)\Delta y
\end{aligned} \tag{6.19}$$

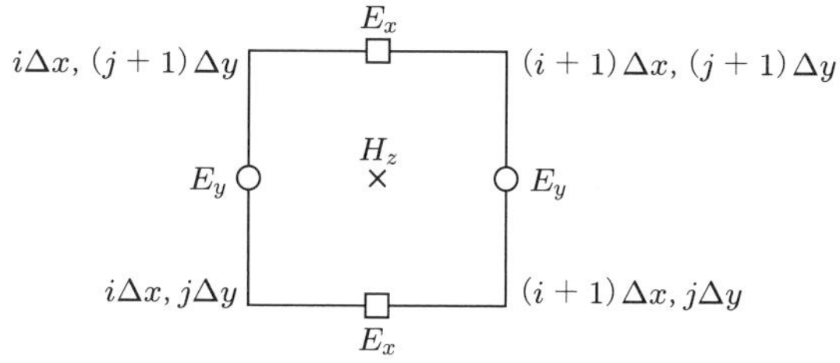

図 6.5 一般的なセル構成

この上式の両辺を $\Delta x \Delta y$ で割り，波動方程式から導かれた差分式 (6.16) と比較してみると，まったく同様の結果が得られていることがわかる．すなわち，差分化された方程式を通して，波動方程式から導かれたファラデーの法則が証明できたことになる．ここでは，ファラデーの法則を取り上げたが，以上の議論についてはアンペールの法則についても同様である．

6.2.2 時間領域における差分化

以上，時間領域を考慮せずに領域のみに限定して差分化する場合について述べたが，波動方程式は $\dot{E}$ および $\dot{H}$（$\cdot$ は時間微分を表す）に示すように時間に依存している．そこで，時間領域まで拡張して差分化するために，次のように時間の定義を行うことにする．

$$E_x^n = E_x\left(t = t_0 + n\Delta t\right)$$

ここで，Δt は時間ステップ，n は繰り返し回数，t_0 は基準となる時間である．そして，この定義を用いると，時間領域の中間差分より，波動方程式は次のように表される．

$$\varepsilon_0 \dot{E}^{n-1/2} \approx \varepsilon_0 \frac{E^n - E^{n-1}}{\Delta t} = \nabla \times H^{n-1/2}$$

$$E^n = E^{n-1} + \frac{\Delta t}{\varepsilon_0} \nabla \times H^{n-1/2} \tag{6.20}$$

$$\mu_0 \dot{H}^n \approx \mu_0 \frac{H^{n+1/2} - H^{n-1/2}}{\Delta t} = -\nabla \times E^n$$

$$H^{n+1/2} = H^{n-1/2} - \frac{\Delta t}{\mu_0} \nabla \times E^n \tag{6.21}$$

この式の意味するところを図 6.6 を用いて説明する．すなわち，仮に n 回目に計算された電界 E^n は，その 1 周期前の E^{n-1} とその半周期前の $H^{n-1/2}$ によって計算され，またそれに対応する磁界 $H^{n+1/2}$ は，E^{n-1} と $H^{n-1/2}$ によって計算されていることを示している．

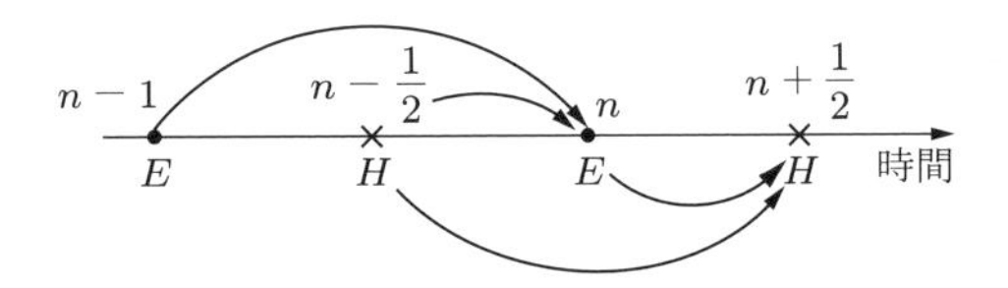

図 6.6　電界と磁界の時間の関係

さて，このように時間領域における差分も含めて，最終的に式 (6.10) ～ (6.12) を時間と領域で差分化すると，次のような差分式が得られる．

$$\varepsilon_0 \frac{E_x^n\left(i+\frac{1}{2}, j\right) - E_x^{n-1}\left(i+\frac{1}{2}, j\right)}{\Delta t} = \frac{H_z^{n-1/2}\left(i+\frac{1}{2}, j+\frac{1}{2}\right) - H_z^{n-1/2}\left(i+\frac{1}{2}, j-\frac{1}{2}\right)}{\Delta y} \quad \text{（式 (6.10) の差分）} \tag{6.22}$$

$$\varepsilon_0 \frac{E_y^n\left(i, j+\frac{1}{2}\right) - E_y^{n-1}\left(i, j+\frac{1}{2}\right)}{\Delta t} = -\frac{H_z^{n-1/2}\left(i+\frac{1}{2}, j+\frac{1}{2}\right) - H_z^{n-1/2}\left(i-\frac{1}{2}, j+\frac{1}{2}\right)}{\Delta x} \quad \text{（式 (6.11) の差分）} \tag{6.23}$$

$$\mu_0 \frac{H_z^{n+1/2}\left(i+\frac{1}{2}, j+\frac{1}{2}\right) - H_z^{n-1/2}\left(i+\frac{1}{2}, j+\frac{1}{2}\right)}{\Delta t}$$
$$= \frac{E_x^n\left(i, j+\frac{1}{2}\right) - E_x^n\left(i, j-\frac{1}{2}\right)}{\Delta y}$$
$$- \frac{E_y^n\left(i+\frac{1}{2}, j\right) - E_y^n\left(i-\frac{1}{2}, j\right)}{\Delta x} \quad \text{(式 (6.12) の差分)} \tag{6.24}$$

このようにして，波動方程式は時間と空間領域において差分式として表せることがわかる．

また，損失のある領域（導電率 σ が有限）においては，波動方程式は次のようになる．

$$\varepsilon \dot{E}^{n-1/2} = \nabla \times H^{n-1/2} - \sigma E^{n-1/2}$$

さらに，これを時間で差分化すると，

$$\varepsilon\left(\frac{E^n - E^{n-1}}{\Delta t}\right) = \nabla \times H^{n-1/2} - \sigma\left(\frac{E^n + E^{n-1}}{2}\right)$$

と表され，この結果を E^n について整理すると次式が得られる．

$$E^n = \left(\frac{1-\sigma\Delta t/2\varepsilon}{1+\sigma\Delta t/2\varepsilon}\right) E^{n-1} + \left(\frac{1}{1+\sigma\Delta t/2\varepsilon}\right)\left(\frac{\Delta t}{\varepsilon}\right) \nabla \times H^{n-1/2}$$

これより，FDTD 法においては $\sigma \gg 1$ の場合，$(1-\sigma\Delta t/2\varepsilon)/(1+\sigma\Delta t/2\varepsilon)$ は -1 になり，$(1+\sigma\Delta t/2\varepsilon)$ はほぼ 0 になることから上式は近似的に次のようになる．

$$E^n \simeq -E^{n-1}$$

このことは，最初の電界の値が 0 であれば，すなわち $E^0 = 0$ であればすべての時間にわたり E 成分は 0 となり，あたかも次項で表す PEC 条件になることを示している．

6.2.3 一般的な境界条件

図 6.7 および 6.8 に示すように単純な境界条件としては，PEC（Perfect Electric Conductor）条件と PMC（Perfect Magnetic Conductor）条件がある．

ここで，図 6.7 に示した PEC 境界条件は，その境界面が金属のような完全導体の場合であり，境界に平行な電界成分を 0 とすることにより達成できる．すなわち，各セルにおいて金属境界面の電界の接線成分を 0 とおけばよい．

また，図 6.8 に示したように PMC 境界条件においては，次回の接線成分は 0 であり，この条件は着目するセルの中央を通る境界面において適用される．

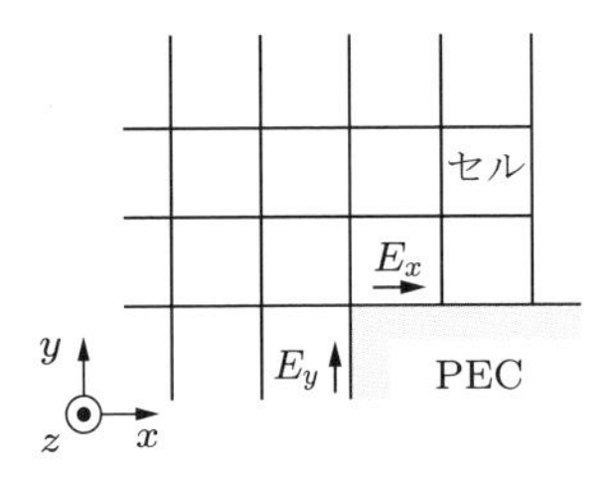

図 6.7　PEC 境界条件

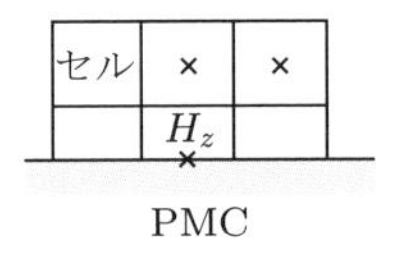

図 6.8　PMC 境界条件

例題 6.2 ［時間領域差分法］　2 次元の時間領域差分法を用いて，周波数 10×10^9 [Hz]（10 [GHz]）において，図 6.9 に示すように，大きさ $2\lambda \times 2\lambda$（$\lambda : 3$ [cm]）の金属内の中心に $H_z = (1/376.7) \sin \omega t$ を励振したときの，磁界 H_z の時間に対する変化のようすを観察せよ．

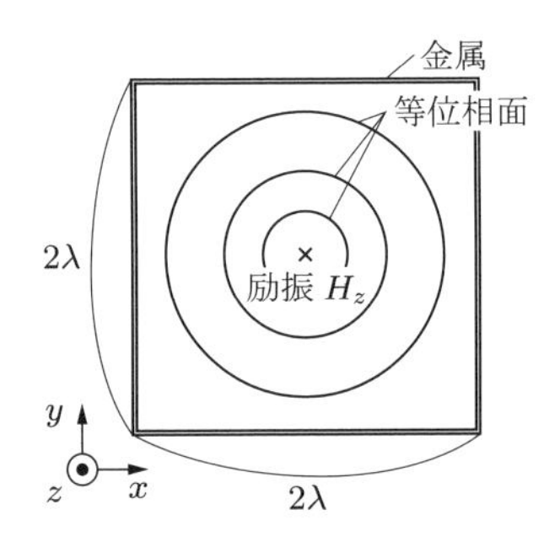

図 6.9　計算モデル

解答

［プログラム例］

```
# ------FDTD 法による磁界分布の算出------
import numpy as np
import matplotlib.pyplot as plt
from mpl_toolkits.mplot3d import Axes3D

# ------波源の設定------
def wave_source(freq, t):
    return 1 / 376.7 * np.sin(2.0 * np.pi * freq * t)


# ------初期値設定------
freq = 10e9                # 周波数
c = 299792458.0            # 光速
lamda = c / freq           # 波長
```

```
dt = 1 / (50 * freq)     # 微小時間
t = 0.0                  # 時間の初期化
E_t = 8.0e-12            # グラフに描画する時間
N_t = int(E_t / dt)      # 時間の更新回数
dx = lamda / 20          # x 軸のセルサイズ
dy = lamda / 20          # y 軸のセルサイズ
i = int(2 * lamda / dx)    # x 方向で計算するセル数
j = int(2 * lamda / dy)    # y 方向で計算するセル数


epsilon_0 = np.full((i+1, j+1), 8.854187817e-12)    # 真空の誘電率
mu_0 = np.full((i+1, j+1), 1.2566370614e-6)         # 真空の透磁率

# ------各成分の初期化------
E_x = np.zeros(shape=(i+1, j+1))
E_y = np.zeros(shape=(i+1, j+1))
H_z = np.zeros(shape=(i+1, j+1))

# ------グラフの設定------
fig = plt.figure(figsize=(16.0, 12.0))
ax = Axes3D(fig)
ax.set_xlabel("x", fontsize=30)
ax.set_ylabel("y", fontsize=30)
ax.set_zlabel("Hz", fontsize=30)
plt.tick_params(labelsize=20)
ax.set(xlim=(0, 40), ylim=(0, 40), zlim=(-0.008, 0.008))
x = np.array(range(i))
y = np.array(range(j))
X, Y = np.meshgrid(x, y)

for _ in range(N_t):
    # 電界の計算
    H_z[i//2, j//2] = wave_source(freq, t)    # 波源
    E_x += dt / (epsilon_0*dy) \
        * (H_z - np.roll(H_z, shift=1, axis=1))
    E_y -= dt / (epsilon_0*dx) \
        * (H_z - np.roll(H_z, shift=1, axis=0))


    # 金属板の設定
    E_x[:, 0] = 0.0
    E_x[:, j] = 0.0
    E_y[0, :] = 0.0
    E_y[i, :] = 0.0

    # 磁界の計算
    H_z +=  dt / (mu_0*dy) * (np.roll(E_x, shift=-1, axis=1)-E_x) \
          - dt / (mu_0*dx) * (np.roll(E_y, shift=-1, axis=0)-E_y)
```

```
    t += dt    # 時間の更新

# グラフの描画設定
Z = H_z[0: i, 0: j]
im = ax.plot_wireframe(X, Y, Z, color="blue")

plt.show()
```

以上のプログラムを実行した場合の計算結果の一例を，時間の変化とともに図 6.10〜6.13 に示す．

【計算結果】

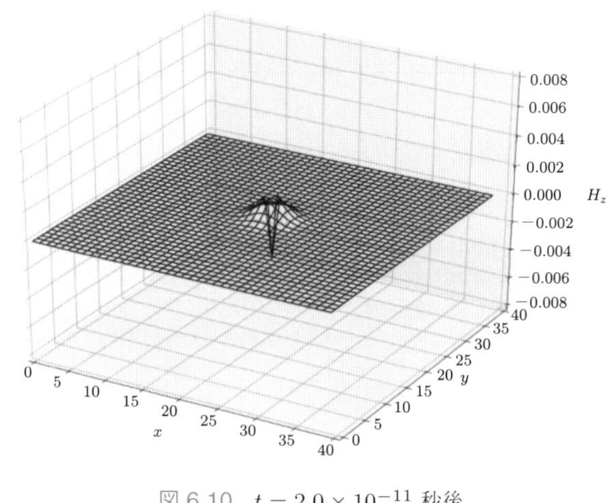

図 6.10　$t = 2.0 \times 10^{-11}$ 秒後

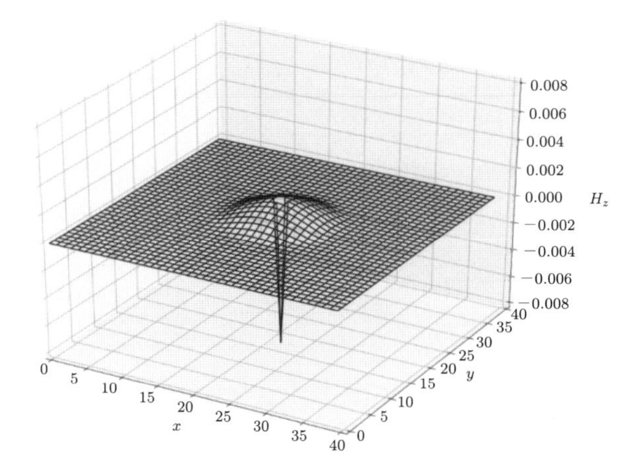

図 6.11　$t = 4.0 \times 10^{-11}$ 秒後

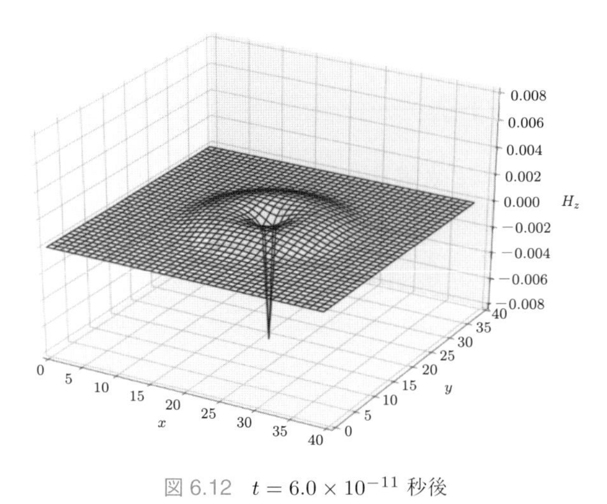

図 6.12　$t = 6.0 \times 10^{-11}$ 秒後

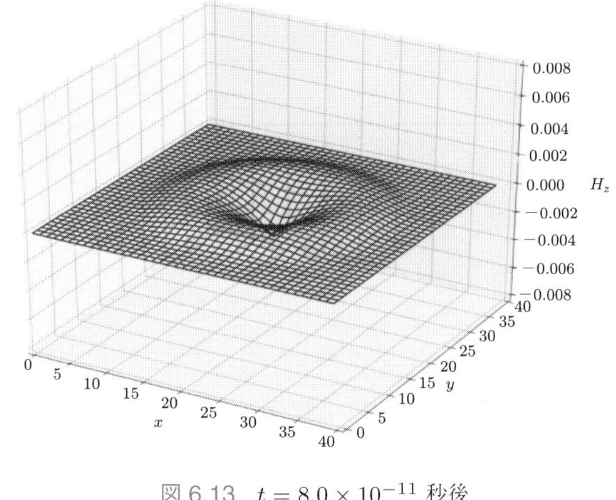

図 6.13　$t = 8.0 \times 10^{-11}$ 秒後

6.3 モーメント法

ここでは，モーメント法の基礎事項について説明し，ガラーキン法や最小 2 乗法などについて，一部に具体例を示して解説する．

● 6.3.1 ● 基礎事項

与えられた方程式が

$$L\phi = f \tag{6.25}$$

の形であるとする．ここで，L は微分演算子，ϕ は求める関数，f は既知関数を示す．このような方程式を解くために，ϕ を基底 $\{\phi_i\}$ の線形結合で近似的に次のように表す．

$$\phi_0 = \sum_{i=1}^{N} a_i \phi_i \tag{6.26}$$

この場合，$L\phi_0$ と f の間の距離を最小にするには $L\phi_0 - f$ と全部の基底 ϕ_i が直交すればよいことが示されている．したがって，“その内積が 0 であるという” 直交条件

$$\langle L\phi_0 - f, \phi_i \rangle = 0 \quad (i = 1, 2, \ldots, N) \tag{6.27}$$

を与える．なお，記号 $\langle a, b \rangle$ はベクトル a と b の内積を表すものとする．これから係数 a_i についての線形方程式

$$\sum_{j=1}^{N} a_j \langle L\phi_j, \phi_i \rangle = \langle f, \phi_i \rangle \quad (i = 1, 2, \ldots, N) \tag{6.28}$$

が得られ，この連立方程式を通常の解法で解けば解が求められる．さて，モーメント法とは，基底との直交性を一般化したもので，適当に選んだ重み関数列 $\{W_i\}$ との直交条件を課して a_i を求める方法をいう．したがって，線形方程式

$$\sum_{j=1}^{N} a_j \langle L\phi_j, W_i \rangle = \langle f, W_i \rangle \quad (i = 1, 2, \ldots, N) \tag{6.29}$$

を解いて a_i を求めることになる．

● 6.3.2 ● 分類

基底と重み関数 W_i の選び方により，通常，モーメント法は次のように分類されている．

(1) ガラーキン法

重み関数 W_i にも基底関数を用いる方法である．したがって，a_i について

$$\sum_{j=1}^{N} a_j \langle L\phi_j, \phi_i \rangle = \langle f, \phi_i \rangle \quad (i = 1, 2, \ldots, N) \tag{6.30}$$

なる方程式が与えられる．

(2) 最小 2 乗法

重み関数として

$$W_i = \frac{\partial \epsilon}{\partial a_i} \quad (i = 1, 2, \ldots, N) \tag{6.31}$$

を用いる方法である．ただし，残差 ϵ を次のように定義している．

$$\epsilon = \sum_{j=1}^{N} a_j L\phi_j - f \tag{6.32}$$

このとき，$\langle \epsilon, \epsilon \rangle$ が a_i について最小値をとる条件を入れると，a_i の方程式

$$\sum_{j=1}^{N} a_j \left\langle L\phi_j, \frac{\partial \epsilon}{\partial a_i} \right\rangle = \left\langle f, \frac{\partial \epsilon}{\partial a_i} \right\rangle \quad (i = 1, 2, \ldots, N) \tag{6.33}$$

が与えられる．

(3) コロケーション法

重み関数としてディラックのデルタ関数 $\delta(x - x_i)$ を用いる方法である．ここで，x_i としては定義した領域上に適当に選択した点を用いる．したがって，方程式

$$\sum_{j=1}^{N} a_j \langle L\phi_j, \delta(x - x_i) \rangle = \langle f, \delta(x - x_i) \rangle \quad (i = 1, 2, \ldots, N) \qquad (6.34)$$

が与えられる.

(4) 部分領域法

考えている領域を部分領域 Δx_j $(j = 1, 2, \ldots, N)$ に分割し，各領域上で ϵ を積分した値が0となるようにする方法である．このために，新しく関数 $U_j(x)$ を

$$\begin{aligned} U_j(x) &= 1 \quad (x \in \Delta x_i) \\ &= 0 \quad (x \notin \Delta x_i) \end{aligned} \qquad (6.35)$$

により定義する．このことにより，a_i の方程式

$$\sum_{i=1}^{N} a_i \langle L\phi_i, U_j(x) \rangle = \langle f, U_j(x) \rangle \quad (j = 1, 2, \ldots, N) \qquad (6.36)$$

が得られる.

以上，モーメント法の分類について述べたが，次に微分方程式をガラーキン法を用いて解いてみよう.

$$-\frac{\mathrm{d}^2 f}{\mathrm{d}x^2} = 1 + 4x^2 \qquad \therefore f(0) = f(1) = 0 \quad \text{（境界条件）} \qquad (6.37)$$

これを解くために基底関数 $f_n = x - x^{n+1}$ とし，この線形結合として，関数 f を次のように任意係数 α_n を用いて定義する．この関数 f は境界条件を満たしている.

$$f = \sum_{n=1} \alpha_n \left(x - x^{n+1} \right) \qquad (6.38)$$

次に，ガラーキン法であるから重み関数 W_n を基底関数 f_n と同様に

$$W_n = f_n = x - x^{n+1} \qquad (6.39)$$

とする．ここで，モーメント法における最良解の決定条件より

$$\left\langle W_m, \sum_n \alpha_n L f_n - g \right\rangle = 0 \qquad (6.40)$$

となり，さらに次のように書き換えられる.

$$\sum \alpha_n \langle W_m, L f_n \rangle = \langle W_m, g \rangle \qquad (6.41)$$

すなわち，この式を満足する α_n を求めればよいことになる．さて，この式は，より具体的には次のようになる.

$$[l_{mn}]\,[\alpha_n] = [g_m] \tag{6.42}$$

ここで，

$$[l_{mn}] = \begin{bmatrix} \langle W_1, Lf_1\rangle & \langle W_1, Lf_2\rangle & \cdots \\ \langle W_2, Lf_1\rangle & \langle W_2, Lf_2\rangle & \cdots \\ \vdots & \vdots & \vdots \end{bmatrix}$$

$$[\alpha_n] = \begin{bmatrix} \alpha_1 \\ \alpha_2 \\ \vdots \end{bmatrix} [g_m] = \begin{bmatrix} \langle W_1, g\rangle \\ \langle W_2, g\rangle \\ \vdots \end{bmatrix}$$

である．この結果，以上決定した関数を用いると l_{mn}, g_m は次のようになる．

$$\begin{aligned} l_{mn} &= \langle W_m, Lf_n\rangle = \int_0^1 W_m L f_n \,\mathrm{d}x = \frac{mn}{m+n+1} \\ g_m &= \langle W_m, g\rangle = \int_0^1 W_m g \,\mathrm{d}x = \frac{m(3m+8)}{2(m+2)(m+4)} \end{aligned} \tag{6.43}$$

この結果，N が決定すれば式 (6.42) を用いて α_n が求められ，式 (6.38) から f が決定される．一例として $N = 1$ の場合，$l_{11} = 1/3, g_1 = 11/30$ より $\alpha_1 = 11/10$ となり，関数 f は

$$f = \frac{11}{10}(x - x^2)$$

と決定できる．

例題 6.3 ［ガラーキン法］ 上記の結果の式 (6.43) をプログラム化し，基底関数の数 N を変化させて解を計算し，厳密解と比較検討せよ．

解答

[プログラム例]

```
# ------ガラーキン法による常微分方程式の解法------
import numpy as np
import matplotlib.pyplot as plt


# ------ガウス・ザイデル法------
def gaussseidel(A, b):
    # 初期値設定
    z = np.zeros_like(b)
    error = 1e3
```

```
    ex = 1e-12                               # 収束判定値

    # 計算に用いる各係数の設定
    LD_tr_m = np.tril(A)                     # A の下三角行列(対角行列含む)
    U_tr_m = A - LD_tr_m                     # A の上三角行列(対角行列除く)
    L_inv = np.linalg.inv(LD_tr_m)           # LD_tr_m の逆行列

    while error > ex:
        z1 = np.dot(L_inv, b - np.dot(U_tr_m, z))
        error = np.abs(np.max(z1 - z))
        z = z1
    return z


# ------ガラーキン法------
def galerkin(n):
    l = np.array([])
    g = np.array([])
    fr = np.array([])
    xr = np.array([])

    for s in range(n):
        s += 1
        for t in range(n):
            t += 1
            lr = s * t / (s + t + 1.0)    # 式(6.43)参照
            l = np.append(l, lr)

    for s in range(n):
        s += 1
        gr = s * (3.0 * s + 8.0) / (2.0 * (s + 2.0) * (s + 4.0))
            # 式(6.43)参照
        g = np.append(g, gr)

    l = l.reshape(n, n)
    a = gaussseidel(l, g)

    for x in np.arange(0, 1.1, 0.1):
        fsum = 0
        for i in range(n):
            f = a[i] * (x - x ** (i + 2))    # 式(6.38)参照
            fsum += f
        fr = np.append(fr, fsum)
        xr = np.append(xr, x)

    return xr, fr
```

```
# ------初期値設定-------
n1 = 1
n2 = 2
n3 = 3

x1r, f1r = galerkin(n1)
f2r = galerkin(n2)[1]
f3r = galerkin(n3)[1]

# -------グラフの描画-------
fig = plt.figure(figsize=(8.0, 6.0))
# 軸の設定
plt.xlabel("x")
plt.xlim(0, 1)

plt.ylabel("fx")
plt.ylim(0, 0.3)
# グリッドの表示
plt.grid(True)

plt.plot(x1r, f1r, color="b", label="N = 1")   # N = 1
plt.plot(x1r, f2r, color="g", label="N = 2", linestyle="dotted")
                                                 # N = 2
plt.plot(x1r, f3r, color="r", label="N = 3", linestyle="dashed")
                                                 # N = 3

# 凡例の表示
plt.legend()

plt.show()
```

以上のプログラムにより，N を変化させたときの計算結果を図 6.14 に示す．この結果，実際の厳密解と比較して，ほぼ $N = 3$ 程度で十分にその解は一致していることがわかる．

【計算結果】

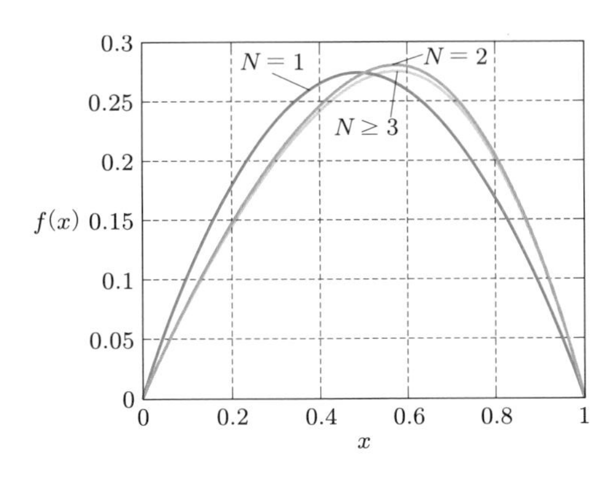

図 6.14　ガラーキン法による計算結果

6.4 有限要素法

ここでは，変分法の基礎について説明し，さらにその原理を用いた有限要素法（Finite Element Method：FEM）について，具体的にラプラスの方程式を解く過程に基づいて解説する．

● 6.4.1 ● 変分法

関数とは「空間の一点に別の数が対応する関係」を示すものと考えてよい．それならば「関数空間の一点に別の数が対応する関係」はどうか．このような関係は関数の関数ともいうべきものであるから汎関数とよばれている．以下，この汎関数を最小にするような解はオイラーの微分方程式の解でもあることを検討してみる．すなわち，関数 $y = \phi_0(x)$ とその導関数 y' を含む汎関数 $F[x, y, y']$ について，区間 $[x_1, x_2]$ における積分を考える．

$$I_{\phi_0} = \int_{x_1}^{x_2} F[x, \phi_0, \phi_0'] \,\mathrm{d}x \tag{6.44}$$

このときに，図 6.15 に示すように $\phi_0(x)$ がわずかに $\epsilon\eta(x)$ 変化した場合の第 1 変分 ΔI を考えると，次のようになる．ここで，ϵ は小さな任意定数，η は任意関数である．

$$\begin{aligned}\Delta I &= I\phi - I\phi_0 \\ &= \int_{x_1}^{x_2} F[x, \phi_0(x) + \epsilon\eta(x)\ ,\ \phi_0'(x) + \epsilon\eta'(x)] - \int_{x_1}^{x_2} F[x, \phi_0(x), \phi_0'(x)] \,\mathrm{d}x\end{aligned}$$

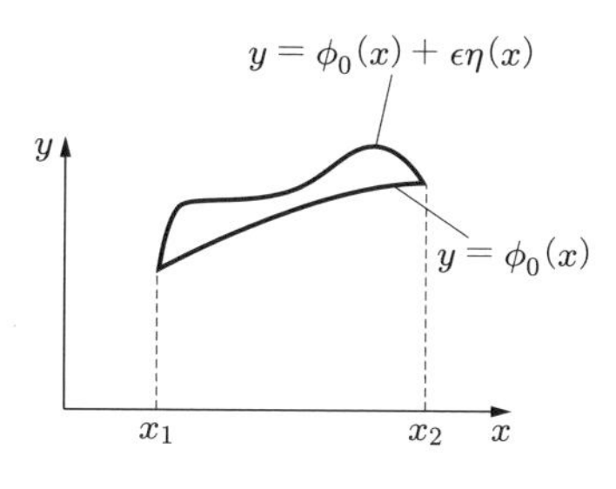

図 6.15 関数の変化

ここで，第 1 項をテイラー展開すると，

$$\text{第 1 項} = F\left[x, \phi_0(x), \phi_0'(x)\right] + \epsilon\eta(x)\frac{\partial F}{\partial y} + \epsilon\eta'(x)\frac{\partial F}{\partial y'} + \frac{1}{2}\epsilon^2 P_\epsilon \quad (6.45)$$

となり，第 1 変分 ΔI は次式で与えられる．

$$\Delta I = \epsilon\int_{x_1}^{x_2}\left\{\eta(x)\frac{\partial F}{\partial y} + \eta'(x)\frac{\partial F}{\partial y'}\right\}\mathrm{d}x + \frac{1}{2}\epsilon^2 P_\epsilon \quad (6.46)$$

ここで，ΔI が最小になる，すなわち“停留値”をもつ条件は

$$\epsilon\int_{x_1}^{x_2}\left\{\eta(x)\frac{\partial F}{\partial y} + \eta'(x)\frac{\partial F}{\partial y'}\right\} = 0 \quad (6.47)$$

となり，これを次式を用いて変形すると，

$$\eta'(x)\frac{\partial F}{\partial y'} = \left[\eta(x)\frac{\partial F}{\partial y'}\right]_{x_1}^{x_2} - \int_{x_1}^{x_2}\eta(x)\frac{\mathrm{d}}{\mathrm{d}x}\frac{\partial F}{\partial y'} \quad (6.48)$$

となる．式 (6.47) は次のように変形できる．

$$\left[\eta(x)\frac{\partial F}{\partial y'}\right]_{x_1}^{x_2} - \int_{x_1}^{x_2}\eta(x)\left\{\frac{\mathrm{d}}{\mathrm{d}x}\left(\frac{\partial F}{\partial y'}\right) - \frac{\partial F}{\partial y}\right\}\mathrm{d}x = 0 \quad (6.49)$$

ここで，境界条件から

$$\left[\eta(x)\frac{\partial F}{\partial y'}\right]_{x_1}^{x_2} = 0$$

とすれば，最終的に ΔI が最小になる条件はオイラーの微分方程式の解となることが理解できる．

$$\frac{\mathrm{d}}{\mathrm{d}x}\left(\frac{\partial F}{\partial y'}\right) - \frac{\partial F}{\partial y} = 0 \quad (6.50)$$

電磁現象において多くの場合，汎関数は電磁界エネルギーを表す．そして，このエネルギーの最小値が電磁界の解を与えることとなり，変分法の物理的意味の把握を助けている．

● 6.4.2 ● 定式化

有限要素法は偏微分方程式を汎関数の形に書き換え，積分領域をたとえば図 6.16 に示すように小多角形要素の集合として離散化する方法である．したがって，取り扱う領域の形状にはほとんど制限がなくなり，最終的には行列の計算の形に帰着させることが特徴である．ここでは，ラプラスの方程式の例を説明しよう．

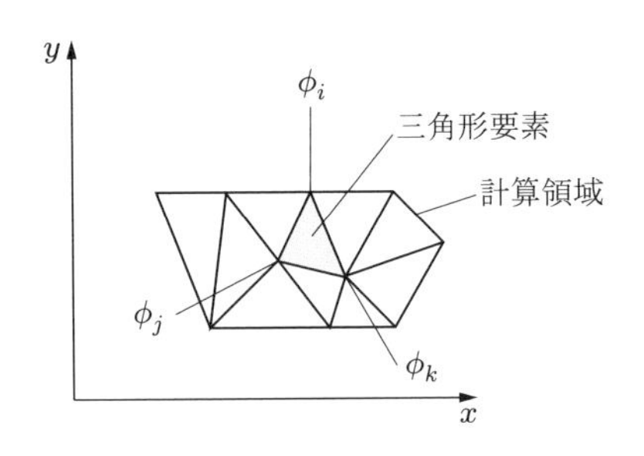

図 6.16　分割法

(1) 解析手順

① 全領域をいくつかの要素に分割する．
② 各要素ごとに固有関数を多項式などで近似する．
③ 各要素ごとに固有関数の近似が最良になるように検討する．
④ 各要素の寄与分を集めて全領域における連立1次方程式を求め，さらにそれに境界条件を与えて解く．

(2) マトリクス表現

具体的には，ラプラスの方程式に対して汎関数 ξ は式 (6.50) を用いて次式のようになる．

$$\xi = \frac{1}{2}\int\int_S \left\{ \left(\frac{\partial\phi}{\partial x}\right)^2 + \left(\frac{\partial\phi}{\partial y}\right)^2 \right\} \mathrm{d}x\mathrm{d}y \tag{6.51}$$

図 6.17 に示すような三角形の要素について考えてみる．ここでは，仮に固有関数を次のように各 i，j，k の点について線形結合で表してみる．なお，$a_0 \sim a_2$ は任意定数である．

$$\begin{aligned} \phi_i &= a_0 + a_1 x_i + a_2 y_i \\ \phi_j &= a_0 + a_1 x_j + a_2 y_j \\ \phi_k &= a_0 + a_1 x_k + a_2 y_k \end{aligned} \tag{6.52}$$

また，関数 $\phi(x, y)$ は，さらにこの $\phi_i \sim \phi_k$ を用いて次のように表される．

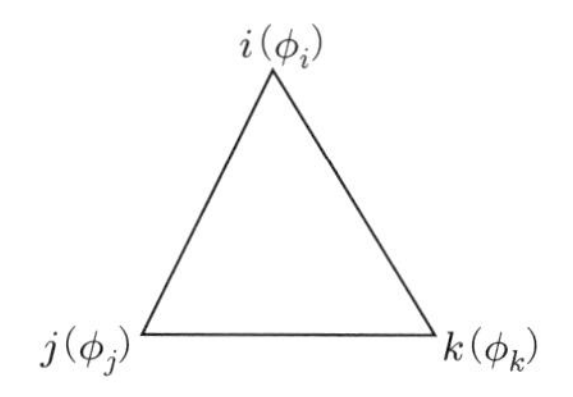

図 6.17 三角形要素とポテンシャル

$$\phi(x,y) = N_i\phi_i + N_j\phi_j + N_k\phi_k \tag{6.53}$$

ここで，$N_i \sim N_k$ は形状関数とよばれるもので，各要素の座標により後述するように決定できる．

以上の設定において，前述したように汎関数はエネルギーを表しており，これが領域 S 内において最小になるようにポテンシャルを決定する．このような観点に着目して汎関数 ξ の最小化を図る．

$$\frac{\partial\xi}{\partial\phi_i} = 0\,, \qquad \frac{\partial\xi}{\partial\phi_j} = 0\,, \qquad \frac{\partial\xi}{\partial\phi_k} = 0 \tag{6.54}$$

以下，一例として $\partial\xi/\partial\phi_i = 0$ について考えてみると，式 (6.53) に式 (6.54) を適用して，次式が得られる．

$$\frac{\partial\xi}{\partial\phi_i} = \frac{1}{2}\iint_S \left\{ 2\frac{\partial\phi}{\partial x}\cdot\frac{\partial}{\partial\phi_i}\left(\frac{\partial\phi}{\partial x}\right) + 2\frac{\partial\phi}{\partial y}\cdot\frac{\partial\phi}{\partial\phi_i}\left(\frac{\partial\phi}{\partial y}\right)\right\}\mathrm{d}x\mathrm{d}y \tag{6.55}$$

ここで，$\partial\phi/\partial x$ および $\partial\phi/\partial y$ は

$$\begin{aligned}\frac{\partial\phi}{\partial x} &= \frac{\partial\phi}{\partial N_i}\frac{\partial N_i}{\partial x} + \frac{\partial\phi}{\partial N_j}\frac{\partial N_j}{\partial x} + \frac{\partial\phi}{\partial N_k}\frac{\partial N_k}{\partial x} \\ &= \phi_i\frac{\partial N_i}{\partial x} + \phi_j\frac{\partial N_j}{\partial x} + \phi_k\frac{\partial N_k}{\partial x}\end{aligned} \tag{6.56}$$

$$\frac{\partial\phi}{\partial y} = \phi_i\frac{\partial N_i}{\partial y} + \phi_j\frac{\partial N_j}{\partial y} + \phi_k\frac{\partial N_k}{\partial y} \tag{6.57}$$

と表されるので，これを式 (6.55) に代入する．この結果，式 (6.55) は次のような形状関数 $N_i \sim N_k$ を用いて表すことができる．

$$\begin{aligned}\frac{\partial\xi}{\partial\phi_i} = \int\!\!\int_S \Bigg\{&\left(\phi_i\frac{\partial N_i}{\partial x} + \phi_j\frac{\partial N_j}{\partial x} + \phi_k\frac{\partial N_k}{\partial x}\right)\frac{\partial N_i}{\partial x} \\ &+ \left(\phi_i\frac{\partial N_i}{\partial y} + \phi_j\frac{\partial N_j}{\partial y} + \phi_k\frac{\partial N_k}{\partial y}\right)\frac{\partial N_i}{\partial y}\Bigg\}\mathrm{d}x\mathrm{d}y\end{aligned} \tag{6.58}$$

ここで，簡単のために次式のように $(\nabla u, \nabla w)$ を用いて表すと，

$$(\nabla u, \nabla w) = \int\!\!\int_S \left(\frac{\partial u}{\partial x}\cdot\frac{\partial w}{\partial x} + \frac{\partial u}{\partial y}\cdot\frac{\partial w}{\partial y}\right)\mathrm{d}x\mathrm{d}y \tag{6.59}$$

となり，さらに表現が簡単になり，次のようになる．

$$\frac{\partial \xi}{\partial \phi_i} = (\nabla N_i, \nabla N_i)\,\phi_i + (\nabla N_i, \nabla N_j)\,\phi_j + (\nabla N_i, \nabla N_k)\,\phi_k \tag{6.60}$$

以下 $\partial\xi/\partial\phi_j$, $\partial\xi/\partial\phi_k$ についても同様なので，最終的にこの 3 式をまとめると次の連立 1 次方程式が得られる．

$$\begin{bmatrix} (\nabla N_i, \nabla N_i) & (\nabla N_i, \nabla N_j) & (\nabla N_i, \nabla N_k) \\ (\nabla N_j, \nabla N_i) & (\nabla N_j, \nabla N_j) & (\nabla N_j, \nabla N_k) \\ (\nabla N_k, \nabla N_i) & (\nabla N_k, \nabla N_j) & (\nabla N_k, \nabla N_k) \end{bmatrix} \begin{bmatrix} \phi_i \\ \phi_j \\ \phi_k \end{bmatrix} = 0 \tag{6.61}$$

(3) 形状関数

式 (6.61) における形状関数 N_i, N_j, N_k を接点座標を用いて表すことを考える．すなわち，図 6.18 に示すように式 (6.52) より $\phi_i \sim \phi_k$ は (x, y) 座標を用いて，次のように表される．

$$\begin{bmatrix} \phi_i \\ \phi_j \\ \phi_k \end{bmatrix} = \begin{bmatrix} 1 & x_i & y_i \\ 1 & x_j & y_j \\ 1 & x_k & y_k \end{bmatrix} \begin{bmatrix} a_0 \\ a_1 \\ a_2 \end{bmatrix} \tag{6.62}$$

これから $a_0 \sim a_2$ は同様に (x, y) 座標を用いて

$$\begin{bmatrix} a_0 \\ a_1 \\ a_2 \end{bmatrix} = \frac{1}{|A|} \begin{bmatrix} a_{11} & a_{12} & a_{13} \\ a_{21} & a_{22} & a_{23} \\ a_{31} & a_{32} & a_{33} \end{bmatrix} \begin{bmatrix} \phi_i \\ \phi_j \\ \phi_k \end{bmatrix} \tag{6.63}$$

と表すことができる．なお，$|A|$ は式 (6.62) の係数行列の行列式であり，$|A|/2$ は三角要素の面積となる．式 (6.52)，(6.53) および (6.63) より最終的に

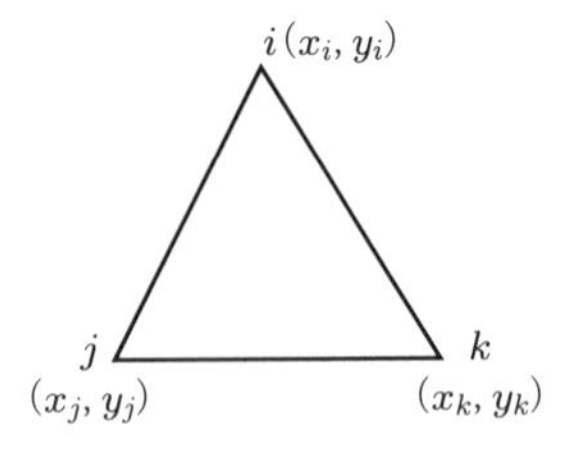

図 6.18　三角形要素と座標

$$
\left.
\begin{aligned}
N_i &= \frac{a_{11} + a_{21}x + a_{31}y}{|A|} \\
N_j &= \frac{a_{12} + a_{22}x + a_{32}y}{|A|} \\
N_k &= \frac{a_{13} + a_{23}x + a_{33}y}{|A|}
\end{aligned}
\right\}
\tag{6.64}
$$

$$
a_{11} = x_j y_k - x_k y_j, \quad a_{12} = x_k y_i - x_i y_k, \quad a_{13} = x_i y_j - x_j y_i
$$

$$
a_{21} = y_j - y_k, \quad a_{22} = y_k - y_i, \quad a_{23} = y_i - y_j
$$

$$
a_{31} = x_k - x_j, \quad a_{32} = x_i - x_k, \quad a_{33} = x_j - x_i
$$

となる．以上のように式 (6.61) は $\phi_i \sim \phi_k$ について解くことができ，また最終的にはこの方程式の全部の要素三角形について総和し，かつ境界条件を与えると線形非同方程式になるので各点でのポテンシャルが計算できる．

例題 6.4 ［有限要素法］ ラプラスの方程式について，図 6.19 のような方形領域で，境界値が図に示すとおり与えられているディリクレ問題を有限要素法で解き，内部格子点 $\phi_1, \phi_2, \phi_3, \phi_4$ の解を求め，差分法で解いた場合と比較せよ．

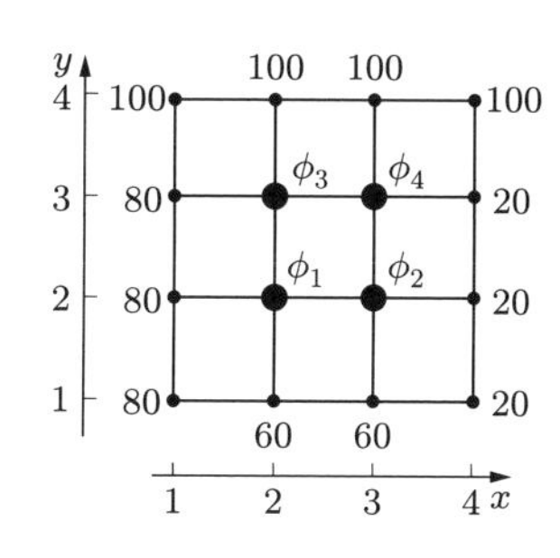

図 6.19 計算モデル

解答

[プログラム例]

```
# ------有限要素法によるラプラスの方程式の解法------
import numpy as np

# ------連立 1次方程式 (ガウス・ザイデル法) ------
def gaussseidel(A, b):
    # 初期値設定
    x_k = np.zeros_like(b)
    error = 1e3
    ex = 1e-12                                  # 収束判定値
```

```
    # 計算に用いる各係数の設定
    LD_tr_m = np.tril(A)                   # Aの下三角行列(対角行列含む)
    U_tr_m = A - LD_tr_m                   # Aの上三角行列(対角行列除く)
    L_inv = np.linalg.inv(LD_tr_m)         # LD_tr_mの逆行列

    while error > ex:
        x_k1 = np.dot(L_inv, b - np.dot(U_tr_m, x_k))
        error = np.abs(np.max(x_k1 - x_k))
        x_k = x_k1
    return x_k

# -----三角形要素-----
def element_mtrix(ele_num):
    chi = np.zeros([16, 16])    # 形状関数の初期化

    # 節点のx座標
    ele_x_i = Coordinates[0][no_ijk[0][ele_num]]
    ele_x_j = Coordinates[0][no_ijk[1][ele_num]]
    ele_x_k = Coordinates[0][no_ijk[2][ele_num]]

    # 節点の座標
    ele_y_i = Coordinates[1][no_ijk[0][ele_num]]
    ele_y_j = Coordinates[1][no_ijk[1][ele_num]]
    ele_y_k = Coordinates[1][no_ijk[2][ele_num]]

    # 形状関数に必要な定数
    a_1 = ele_x_k - ele_x_j
    a_2 = ele_x_i - ele_x_k
    a_3 = ele_x_j - ele_x_i
    b_1 = ele_y_j - ele_y_k
    b_2 = ele_y_k - ele_y_i
    b_3 = ele_y_i - ele_y_j

    # 形状関数の計算
    a_mat=np.array([a_1,a_2,a_3])*np.array([[a_1],[a_2],[a_3]])
    b_mat=np.array([b_1,b_2,b_3])*np.array([[b_1],[b_2],[b_3]])
    sum_mat=1/(4*Area)*(a_mat + b_mat)

    # 行列に挿入
    for i in range(3):
      chi[no_ijk[0][ele_num]][no_ijk[i][ele_num]] = sum_mat[0][i]
      chi[no_ijk[1][ele_num]][no_ijk[i][ele_num]] = sum_mat[1][i]
      chi[no_ijk[2][ele_num]][no_ijk[i][ele_num]] = sum_mat[2][i]
    return chi

# -----初期値-----
# 境界条件
boundary = np.array([[80],[60],[60],[20],[80],[0],[0],[20],
```

```
                    [80],[0],[0],[20],[100],[100],[100],[100]])

# 要素
no_ijk = np.array([[0,1,2,0,1,2,4,5,6,4,5,6,8,9,10,8,9,10],
                   [5,6,7,4,5,6,9,10,11,8,9,10,13,14,15,12,13,14],
                   [1,2,3,5,6,7,5,6,7,9,10,11,9,10,11,13,14,15]])

# 座標
Coordinates = np.array([[1,2,3,4,1,2,3,4,1,2,3,4,1,2,3,4],
                        [1,1,1,1,2,2,2,2,3,3,3,3,4,4,4,4]])

Area = 1 / 2                # 三角形要素の面積 (今回は一定)
phi = np.zeros([16, 16])    # 要素マトリクスの初期化


# ------全体マトリクスの計算------
# 全三角形要素の和
for i in range(no_ijk.shape[1]):
    phi += element_mtrix(i)

# ディリクレ型境界条件の組み込み (拘束条件)
for i in range(phi.shape[1]):
    if i! = 5 and i! = 6 and i! = 9 and i! = 10:
        phi[i][:] = 0
        phi[i][i] = 1

# 連立方程式の解
x = gaussseidel(phi, boundary).reshape(-1, 1)

# ------出力------
print(x)
```

以下に要素分割のモデル化（図 6.20），座標番号（i）と座標（$x(i)$ と $y(i)$）の関係（表 6.1），要素番号（①～⑱）と座標番号（i, j, k）の関係（表 6.2），拘束条件の有

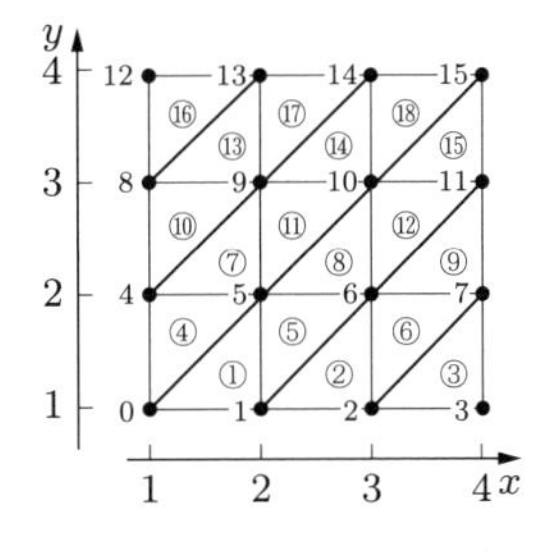

図 6.20　要素分割モデル

無（bc）（表 6.3）および与えたポテンシャルの初期値（表 6.4）をまとめて示す.

表 6.1 座標の一覧

番号（i）	x 座標（$x(i)$）	y 座標（$y(i)$）
0	1	1
1	2	1
2	3	1
3	4	1
4	1	2
5	2	2
6	3	2
7	4	2
8	1	3
9	2	3
10	3	3
11	4	3
12	1	4
13	2	4
14	3	4
15	4	4

表 6.2 要素の一覧

番号（no）	i	j	k
1	0	5	1
2	1	6	2
3	2	7	3
4	0	4	5
5	1	5	6
6	2	6	7
7	4	9	5
8	5	10	6
9	6	11	7
10	4	8	9
11	5	9	10
12	6	10	11
13	8	13	9
14	9	14	10
15	10	15	11
16	8	12	13
17	9	13	14
18	10	14	15

表 6.3 拘束条件の一覧

番号（i）	拘束条件（bc）
0	1
1	1
2	1
3	1
4	1
7	1
8	1
11	1
12	1
13	1
14	1
15	1

注）拘束条件が 1 とは，境界値が与えられている場合を示す.

表 6.4 ポテンシャルの初期値の一覧

番号（i）	初期値（$f(i)$）
0	80
1	60
2	60
3	20
4	80
5	0
6	0
7	20
8	80
9	0
10	0
11	20
12	100
13	100
14	100
15	100

このプログラムで計算した各場所でのポテンシャルの結果は，以下のようになる．

【出力】

```
  X          Y
点番号,ポテンシャル
  0    .80000E+02
  1    .60000E+02
  2    .60000E+02
  3    .20000E+02
  4    .80000E+02
  5    .67500E+02
  6    .52500E+02
  7    .20000E+02
  8    .80000E+02
  9    .77500E+02
 10    .62500E+02
 11    .20000E+02
 12    .10000E+03
 13    .10000E+03
 14    .10000E+03
 15    .10000E+03
```

これから内部格子点 $\phi_1, \phi_2, \phi_3, \phi_4$（座標番号で 5,6,9,10）の解は，$\phi_1 = 67.5, \phi_2 = 52.5, \phi_3 = 77.5, \phi_4 = 62.5$ となり，前に説明した差分法の結果と同じ値となる．

○ 演習問題 ○

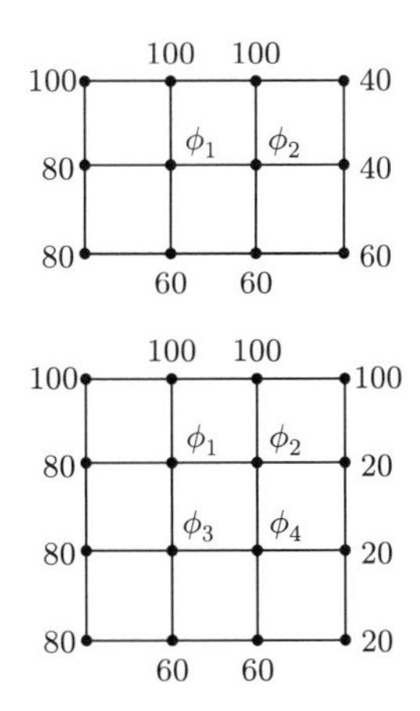

6.1 ［偏微分方程式 1］　右図に示す条件において，ラプラスの方程式を差分法で解く場合に得られる連立 1 次方程式を示せ．また，初期値 $\phi_1^{(0)} = \phi_2^{(0)} = 0$ とし，ガウス・ザイデル法などを用いて第 3 近似根 $\phi_1^{(3)}$，$\phi_2^{(3)}$ まで反復計算により求めよ．

6.2 ［偏微分方程式 2］　右図に示す条件において，ラプラスの方程式を差分法で解く場合に得られる 4 元連立 1 次方程式を示せ．また，初期値 $\phi_1 = \phi_2 = \phi_3 = \phi_4 = 0$ とし，ガウス・ザイデル法を用いて $\phi_1 \sim \phi_4$ を求めよ．ただし，反復計算は 3 回でよい．

6.3 ［有限要素法］　式 (6.60) を導出せよ．

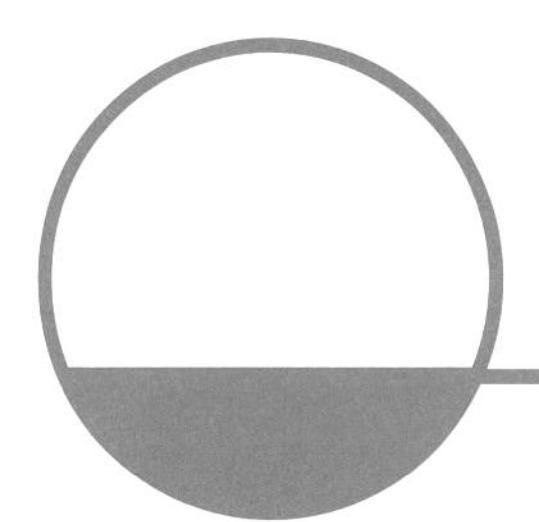

演習問題解答

第 1 章

1.1　(1) 解図 1.1

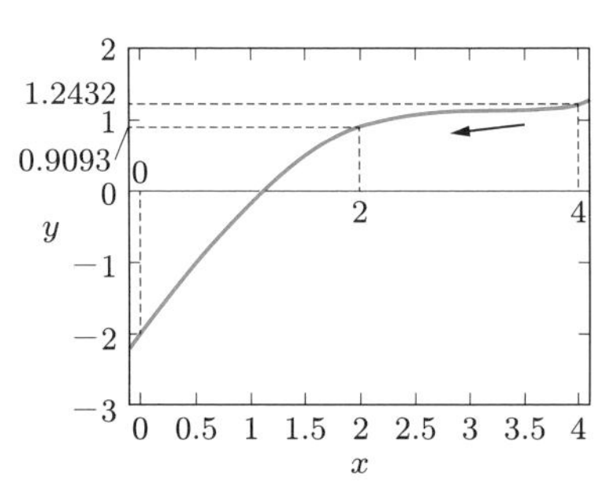

(a) 第 1 近似根は 2

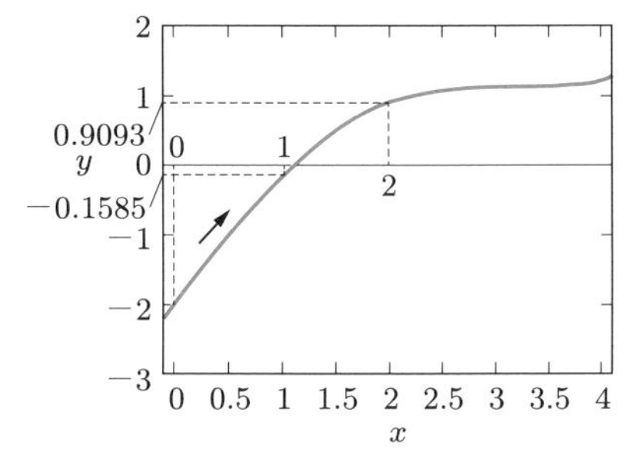

(b) 第 2 近似根は 1

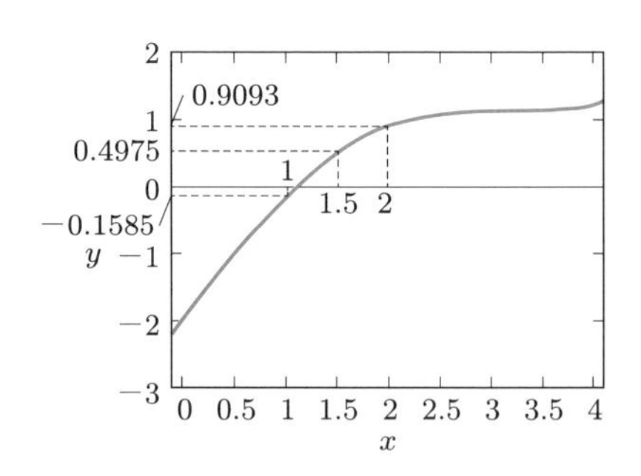

(c) 第 3 近似根は 1.5

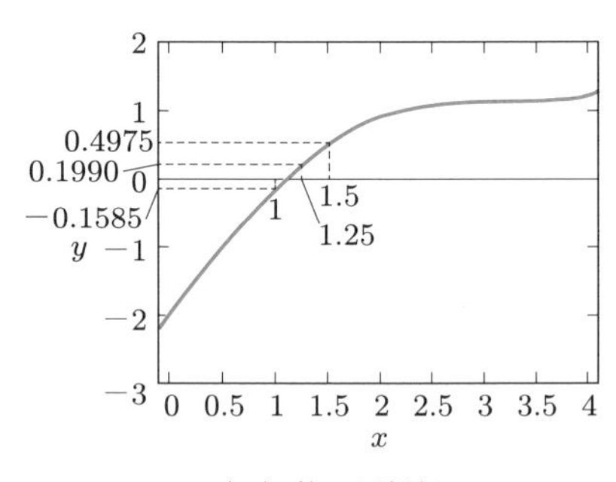

(d) 第 4 近似根は 1.25

解図 1.1

(2) 解図 1.2

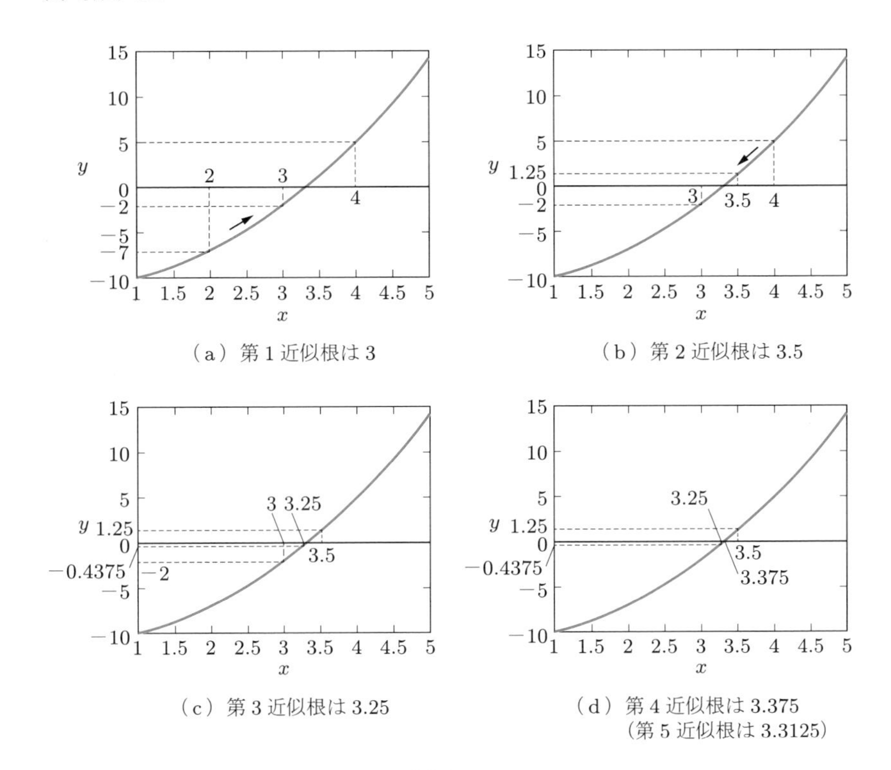

(a) 第 1 近似根は 3

(b) 第 2 近似根は 3.5

(c) 第 3 近似根は 3.25

(d) 第 4 近似根は 3.375
(第 5 近似根は 3.3125)

解図 1.2

1.2 (1)

$$x_2 = x_1 - \frac{f(x_1)(x_1 - x_0)}{f(x_1) - f(x_0)} = 6 - \frac{6 \times (6-5)}{6-2} = 4.5$$

$$x_3 = x_2 - \frac{f(x_2)(x_2 - x_1)}{f(x_2) - f(x_1)} = 4.5 - \frac{0.75 \times (4.5-6)}{0.75-6} = 4.286$$

$$x_4 = x_3 - \frac{f(x_3)(x_3 - x_2)}{f(x_3) - f(x_2)} = 4.286 - \frac{0.368 \times (4.286-4.5)}{0.368-0.75} = 4.080$$

(2) ①

$$x_2 = x_1 - \frac{f(x_1)(x_1 - x_0)}{f(x_1) - f(x_0)} = 1 - \frac{2 \times (1-0)}{2-6} = 1.5$$

$$x_3 = x_2 - \frac{f(x_2)(x_2 - x_1)}{f(x_2) - f(x_1)} = 1.5 - \frac{0.75 \times (1.5-1)}{0.75-2} = 1.8$$

②

$$x_2 = x_1 - \frac{f(x_1)(x_1 - x_0)}{f(x_1) - f(x_0)} = 4 - \frac{2 \times (4-5)}{2-6} = 3.5$$

$$x_3 = x_2 - \frac{f(x_2)(x_2 - x_1)}{f(x_2) - f(x_1)} = 3.5 - \frac{0.75 \times (3.5-4)}{0.75-2} = 3.2$$

(3) ① $x_2 = x_1 - \dfrac{f(x_1)(x_1 - x_0)}{f(x_1) - f(x_0)} = 1 - \dfrac{3 \times (1-0)}{3-8} = 1.6$

$$x_3 = x_2 - \frac{f(x_2)(x_2 - x_1)}{f(x_2) - f(x_1)} = 1.6 - \frac{0.96 \times (1.6-1)}{0.96-3} = 1.882$$

② $x_2 = x_1 - \dfrac{f(x_1)(x_1 - x_0)}{f(x_1) - f(x_0)} = 5 - \dfrac{3 \times (5-6)}{3-8} = 4.4$

$$x_3 = x_2 - \frac{f(x_2)(x_2 - x_1)}{f(x_2) - f(x_1)} = 4.4 - \frac{0.96 \times (4.4-5)}{0.96-3} = 4.118$$

(4) $x_2 = x_1 - \dfrac{f(x_1)(x_1 - x_0)}{f(x_1) - f(x_0)} = 7 - \dfrac{18 \times (7-8)}{18-28} = 5.2$

$$x_3 = x_2 - \frac{f(x_2)(x_2 - x_1)}{f(x_2) - f(x_1)} = 5.2 - \frac{5.04 \times (5.2-7)}{5.04-18} = 4.5$$

$$x_4 = x_3 - \frac{f(x_3)(x_3 - x_2)}{f(x_3) - f(x_2)} = 4.5 - \frac{1.75 \times (4.5-5.2)}{1.75-5.04} = 4.128$$

1.3 (1) 式 (1.17), (1.18) において

$$\begin{bmatrix} \dfrac{\partial f}{\partial x} & \dfrac{\partial f}{\partial y} \\ \dfrac{\partial g}{\partial x} & \dfrac{\partial g}{\partial y} \end{bmatrix} = \begin{bmatrix} 3x^2 & 2 \\ 1 & -2y \end{bmatrix}$$

$$\begin{bmatrix} \dfrac{\partial f}{\partial x} & \dfrac{\partial f}{\partial y} \\ \dfrac{\partial g}{\partial x} & \dfrac{\partial g}{\partial y} \end{bmatrix}^{-1} = \frac{1}{-6x^2y-2} \begin{bmatrix} -2y & -2 \\ -1 & 3x^2 \end{bmatrix}$$

となり，式 (1.18) より，次のようになる.

$$\begin{bmatrix} x_{n+1} \\ y_{n+1} \end{bmatrix} = \begin{bmatrix} x_n \\ y_n \end{bmatrix} - \frac{1}{-6x_n^2 y_n - 2} \begin{bmatrix} -2y_n & -2 \\ -1 & 3x_n^2 \end{bmatrix} \begin{bmatrix} x_n^3 + 2y_n - 14 \\ x_n - y_n^2 + 7 \end{bmatrix}$$

したがって，第 0 近似根 $x_0 = 1$, $y_0 = 1$ より，第 1 近似根は

$$\begin{bmatrix} x_1 \\ y_1 \end{bmatrix} = \begin{bmatrix} 1 \\ 1 \end{bmatrix} - \frac{1}{-8} \begin{bmatrix} -2 & -2 \\ -1 & 3 \end{bmatrix} \begin{bmatrix} -11 \\ 7 \end{bmatrix}$$
$$= \begin{bmatrix} 1 + \{-2 \cdot (-11) + (-2) \cdot 7\}/8 \\ 1 + \{-1 \cdot (-11) + 3 \cdot 7\}/8 \end{bmatrix} = \begin{bmatrix} 2 \\ 5 \end{bmatrix}$$

第 2 近似根は

$$\begin{bmatrix} x_2 \\ y_2 \end{bmatrix} = \begin{bmatrix} 2 \\ 5 \end{bmatrix} - \frac{1}{-122} \begin{bmatrix} -10 & -2 \\ -1 & 12 \end{bmatrix} \begin{bmatrix} 4 \\ -16 \end{bmatrix}$$
$$= \begin{bmatrix} 2 + \{-10 \cdot 4 + (-2) \cdot (-16)\}/122 \\ 5 + \{-1 \cdot 4 + 12 \cdot (-16)\}/122 \end{bmatrix} = \begin{bmatrix} 1.934 \\ 3.393 \end{bmatrix}$$

となる．計算を進め，第 n 近似根を計算すると，解表 1.1 のようになる．

解表 1.1

n	x_n	y_n
0	1	1
1	2	5
2	1.934	3.393
3	1.998	3.023
4	2.000	3.000

(2) 式 (1.17)，(1.18) において

$$\begin{bmatrix} \dfrac{\partial f}{\partial x} & \dfrac{\partial f}{\partial y} \\ \dfrac{\partial g}{\partial x} & \dfrac{\partial g}{\partial y} \end{bmatrix} = \begin{bmatrix} 3x^2 & 2 \\ 1 & 2y \end{bmatrix}$$

$$\begin{bmatrix} \dfrac{\partial f}{\partial x} & \dfrac{\partial f}{\partial y} \\ \dfrac{\partial g}{\partial x} & \dfrac{\partial g}{\partial y} \end{bmatrix}^{-1} = \frac{1}{6x^2y-2} \begin{bmatrix} 2y & -2 \\ -1 & 3x^2 \end{bmatrix}$$

となり，式 (1.18) より，次のようになる．

$$\begin{bmatrix} x_{n+1} \\ y_{n+1} \end{bmatrix} = \begin{bmatrix} x_n \\ y_n \end{bmatrix} - \frac{1}{6x_n^2y_n-2} \begin{bmatrix} 2y_n & -2 \\ -1 & 3x_n^2 \end{bmatrix} \begin{bmatrix} x_n^3+2y_n-14 \\ x_n+y_n^2-11 \end{bmatrix}$$

したがって，第 0 近似根 $x_0=1$，$y_0=1$ より，第 1 近似根は

$$\begin{bmatrix} x_1 \\ y_1 \end{bmatrix} = \begin{bmatrix} 1 \\ 1 \end{bmatrix} - \frac{1}{4} \begin{bmatrix} 2 & -2 \\ -1 & 3 \end{bmatrix} \begin{bmatrix} -11 \\ -9 \end{bmatrix}$$

$$= \begin{bmatrix} 1-\{2\cdot(-11)+(-2)\cdot -9\}/4 \\ 1-\{-1\cdot(-11)+3\cdot -9\}/4 \end{bmatrix} = \begin{bmatrix} 2 \\ 5 \end{bmatrix}$$

第 2 近似根は

$$\begin{bmatrix} x_2 \\ y_2 \end{bmatrix} = \begin{bmatrix} 2 \\ 5 \end{bmatrix} - \frac{1}{118} \begin{bmatrix} 10 & -2 \\ -1 & 12 \end{bmatrix} \begin{bmatrix} 4 \\ 16 \end{bmatrix}$$

$$= \begin{bmatrix} 2-(8/118) \\ 5-(188/118) \end{bmatrix} = \begin{bmatrix} 1.932 \\ 3.407 \end{bmatrix}$$

となる．計算を進め，第 n 近似根を計算すると，解表 1.2 のようになる．

解表 1.2

n	x_n	y_n
0	1	1
1	2	5
2	1.932	3.407
3	1.998	3.025
4	2.000	3.000

第 2 章

2.1 (1)

x	1	2	3	4
y	2	10	30	68

① $\left.\dfrac{\mathrm{d}y}{\mathrm{d}x}\right|_{x=1} = \dfrac{10-2}{1} = 8$

② $\left.\dfrac{\mathrm{d}y}{\mathrm{d}x}\right|_{x=1} = \dfrac{-30+4\times 10-3\times 2}{2\times 1} = 2$

③ $\left.\dfrac{\mathrm{d}y}{\mathrm{d}x}\right|_{x=1} = \dfrac{2\times 68-9\times 30+18\times 10-11\times 2}{6\times 1} = 4$

〈参考〉解析解は，$\mathrm{d}y/\mathrm{d}x = 3x^2+1$ より次のとおり．

$$\left.\frac{\mathrm{d}y}{\mathrm{d}x}\right|_{x=1} = 3\times1^2+1=4$$

(2)

x	1	2	3	4
y	4	14	36	76

① $\left.\frac{\mathrm{d}y}{\mathrm{d}x}\right|_{x=1} = \frac{14-4}{1} = 10$

② $\left.\frac{\mathrm{d}y}{\mathrm{d}x}\right|_{x=1} = \frac{-36+4\times14-3\times4}{2\times1} = 4$

③ $\left.\frac{\mathrm{d}y}{\mathrm{d}x}\right|_{x=1} = \frac{2\times76-9\times36+18\times14-11\times4}{6\times1} = 6$

〈参考〉解析解は $\mathrm{d}y/\mathrm{d}x = 3x^2+3$ より次のとおり．

$$\left.\frac{\mathrm{d}y}{\mathrm{d}x}\right|_{x=1} = 3\times1^2+3=6$$

(3)

x	1	2	3	4
y	3	12	33	72

① $\left.\frac{\mathrm{d}y}{\mathrm{d}x}\right|_{x=1} = \frac{12-3}{1} = 9$

② $\left.\frac{\mathrm{d}y}{\mathrm{d}x}\right|_{x=1} = \frac{-33+4\times12-3\times3}{2\times1} = 3$

③ $\left.\frac{\mathrm{d}y}{\mathrm{d}x}\right|_{x=1} = \frac{2\times72-9\times33+18\times12-11\times3}{6\times1} = 5$

〈参考〉解析解は，$\mathrm{d}y/\mathrm{d}x = 3x^2+2$ より次のとおり．

$$\left.\frac{\mathrm{d}y}{\mathrm{d}x}\right|_{x=1} = 3\times1^2+2=5$$

(4)

x	1	2	3	4
y	3	18	57	132

① $\left.\frac{\mathrm{d}y}{\mathrm{d}x}\right|_{x=1} = \frac{18-3}{1} = 15$

② $\left.\frac{\mathrm{d}y}{\mathrm{d}x}\right|_{x=1} = \frac{-57+4\times18-3\times3}{2\times1} = 3$

③ $\left.\frac{\mathrm{d}y}{\mathrm{d}x}\right|_{x=1} = \frac{2\times132-9\times57+18\times18-11\times3}{6\times1} = 7$

〈参考〉解析解は，$\mathrm{d}y/\mathrm{d}x = 6x^2+1$ より次のとおり．

$$\left.\frac{\mathrm{d}y}{\mathrm{d}x}\right|_{x=1} = 6\times1^2+1=7$$

(5)

x	1	2	3	4
y	4	26	84	196

① $$\left.\frac{\mathrm{d}y}{\mathrm{d}x}\right|_{x=1} = \frac{26-4}{1} = 22$$

② $$\left.\frac{\mathrm{d}y}{\mathrm{d}x}\right|_{x=1} = \frac{-84+4\times 26-3\times 4}{2\times 1} = 4$$

③ $$\left.\frac{\mathrm{d}y}{\mathrm{d}x}\right|_{x=1} = \frac{2\times 196-9\times 84+18\times 26-11\times 4}{6\times 1} = 10$$

〈参考〉解析解は，$\mathrm{d}y/\mathrm{d}x = 9x^2+1$ より次のとおり．

$$\left.\frac{\mathrm{d}y}{\mathrm{d}x}\right|_{x=1} = 9\times 1^2+1 = 10$$

(6)

x	1	2	3	4
y	5	16	39	80

① $$\left.\frac{\mathrm{d}y}{\mathrm{d}x}\right|_{x=1} = \frac{16-5}{1} = 11$$

② $$\left.\frac{\mathrm{d}y}{\mathrm{d}x}\right|_{x=1} = \frac{-39+4\times 16-3\times 5}{2\times 1} = 5$$

③ $$\left.\frac{\mathrm{d}y}{\mathrm{d}x}\right|_{x=1} = \frac{2\times 80-9\times 39+18\times 16-11\times 5}{6\times 1} = 7$$

〈参考〉解析解は，$\mathrm{d}y/\mathrm{d}x = 3x^2+4$ より次のとおり．

$$\left.\frac{\mathrm{d}y}{\mathrm{d}x}\right|_{x=1} = 3\times 1^2+4 = 7$$

2.2

(1)
$$y = \frac{(x-1)(x-2)}{(0-1)(0-2)}\cdot 2 + \frac{(x-0)(x-2)}{(1-0)(1-2)}\cdot 1 + \frac{(x-0)(x-1)}{(2-0)(2-1)}\cdot 4$$
$$= x^2-3x+2-x^2+2x+2x^2-2x = 2x^2-3x+2$$

(2)
$$y = \frac{(x-1)(x-2)}{(0-1)(0-2)}\cdot 2 + \frac{(x-0)(x-2)}{(1-0)(1-2)}\cdot(-1) + \frac{(x-0)(x-1)}{(2-0)(2-1)}\cdot 6$$
$$= x^2-3x+2+x^2-2x+3x^2-3x = 5x^2-8x+2$$

(3)
$$y = \frac{(x-1)(x-2)}{(0-1)(0-2)}\cdot 4 + \frac{(x-0)(x-2)}{(1-0)(1-2)}\cdot(-1) + \frac{(x-0)(x-1)}{(2-0)(2-1)}\cdot 2$$
$$= 2x^2-6x+4+x^2-2x+x^2-x = 4x^2-9x+4$$

2.3　(1) 解図 2.1

<台形法>

$$\int_0^6 x^2+3x+1\ \mathrm{d}x$$
$$=\frac{1}{2}\{(1+55)+2\times(5+11+19+29+41)\}$$
$$=133$$

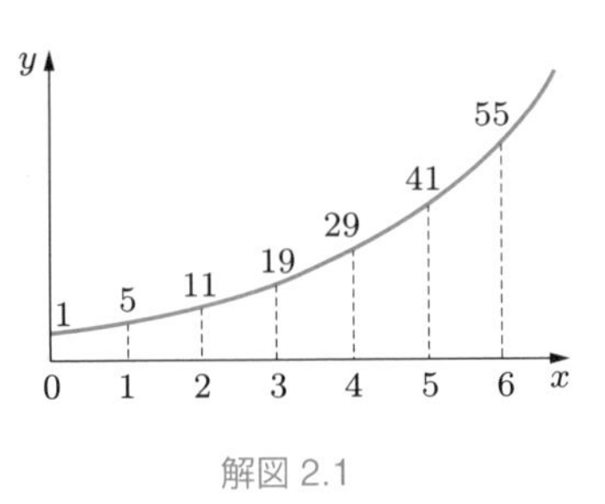

解図 2.1

<シンプソン法>

$$\int_0^6 x^2+3x+1\ \mathrm{d}x=\frac{1}{3}\{(1+55)+2\times(11+29)+4\times(5+19+41)\}=132$$

<厳密解>

$$\int_0^6 x^2+3x+1\ \mathrm{d}x=132$$

(2) 解図 2.2

<台形法>

$$\int_0^6 x^2+2x+2\ \mathrm{d}x$$
$$=\frac{1}{2}\{(2+50)+2\times(5+10+17+26+37)\}$$
$$=121$$

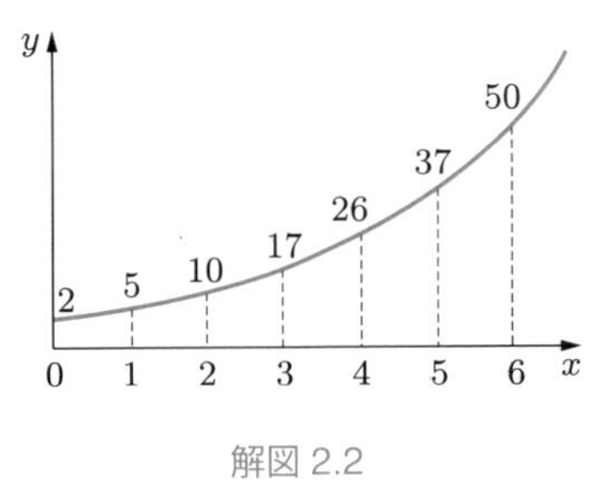

解図 2.2

<シンプソン法>

$$\int_0^6 x^2+2x+2\ \mathrm{d}x=\frac{1}{3}\{(2+50)+2\times(10+26)+4\times(5+17+37)\}=120$$

<厳密解>

$$\int_0^6 x^2+2x+2\ \mathrm{d}x=120$$

(3) 解図 2.3

<台形法>

$$\int_0^6 x^2+x+1\ \mathrm{d}x$$
$$=\frac{1}{2}\{(1+43)+2\times(3+7+13+21+31)\}$$
$$=97$$

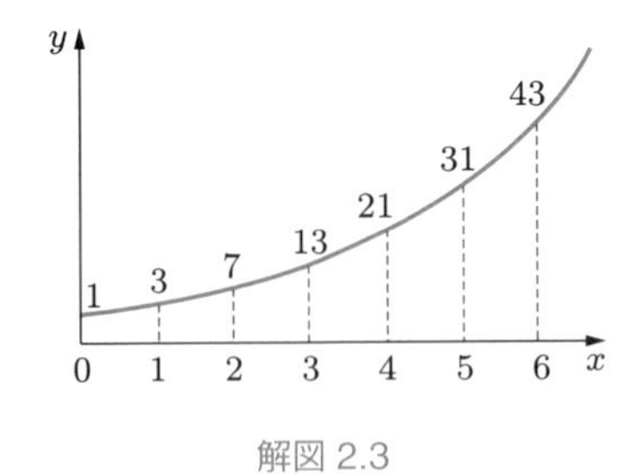

解図 2.3

<シンプソン法>

$$\int_0^6 x^2+x+1\ \mathrm{d}x=\frac{1}{3}\{(1+43)+2\times(7+21)+4\times(3+13+31)\}=96$$

＜厳密解＞

$$\int_0^6 x^2 + x + 1 \ \mathrm{d}x = 96$$

(4) 解図 2.4

＜台形法＞

$$\int_0^6 x^3 + 2 \ \mathrm{d}x$$
$$= \frac{1}{2}\{(2 + 218) + 2 \times (3 + 10 + 29 + 66 + 127)\}$$
$$= 345$$

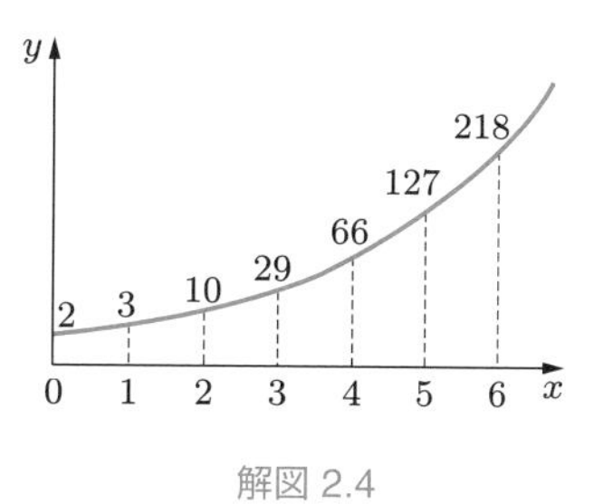

解図 2.4

＜シンプソン法＞

$$\int_0^6 x^3 + 2 \ \mathrm{d}x = \frac{1}{3}\{(2 + 218) + 2 \times (10 + 66) + 4 \times (3 + 29 + 127)\} = 336$$

＜厳密解＞

$$\int_0^6 x^3 + 2 \ \mathrm{d}x = 336$$

第3章

3.1　3 元連立 1 次方程式を掃き出し法で解く.

$$\left.\begin{array}{ll} a_{11}^{(0)}x_1 + a_{12}^{(0)}x_2 + a_{13}^{(0)}x_3 = b_1^{(0)} & ① \\ a_{21}^{(0)}x_1 + a_{22}^{(0)}x_2 + a_{23}^{(0)}x_3 = b_2^{(0)} & ② \\ a_{31}^{(0)}x_1 + a_{32}^{(0)}x_2 + a_{33}^{(0)}x_3 = b_3^{(0)} & ③ \end{array}\right\} \to \begin{bmatrix} a_{11}^{(0)} & a_{12}^{(0)} & a_{13}^{(0)} \\ a_{21}^{(0)} & a_{22}^{(0)} & a_{23}^{(0)} \\ a_{31}^{(0)} & a_{32}^{(0)} & a_{33}^{(0)} \end{bmatrix} \begin{bmatrix} x_1 \\ x_2 \\ x_3 \end{bmatrix} = \begin{bmatrix} b_1^{(0)} \\ b_2^{(0)} \\ b_3^{(0)} \end{bmatrix}$$

$n = 3$

$k = 1$ のとき，式 (3.12) $j = 2, 3$
　　式 (3.13) $j = 2, 3,\ i = 2, 3$

$k = 2$ のとき，式 (3.12) $j = 3$
　　式 (3.13) $j = 3,\ i = 1, 3$

$k = 3$ のとき，式 (3.12)
　　式 (3.13) $i = 1, 2$

手順 1　式 ① を $a_{11}^{(0)}$ で割る.

$$x_1 + a_{12}^{(1)}x_2 + x_{13}^{(1)}x_3 = b_1^{(1)} \quad ④ \quad \to \begin{bmatrix} 1 & a_{12}^{(1)} & a_{13}^{(1)} \\ a_{21}^{(0)} & a_{22}^{(0)} & a_{23}^{(0)} \\ a_{31}^{(0)} & a_{32}^{(0)} & a_{33}^{(0)} \end{bmatrix} \begin{bmatrix} x_1 \\ x_2 \\ x_3 \end{bmatrix} = \begin{bmatrix} b_1^{(1)} \\ b_2^{(0)} \\ b_3^{(0)} \end{bmatrix}$$

ただし，$a_{12}^{(1)} = \dfrac{a_{12}^{(0)}}{a_{11}^{(0)}}$，　$a_{13}^{(1)} = \dfrac{a_{13}^{(0)}}{a_{11}^{(0)}}$，　$b_1^{(1)} = \dfrac{b_1^{(0)}}{a_{11}^{(0)}}$

$(k = 1,$　式 (3.12),　$j = 2, 3)$

手順 2　式 ④ に $a_{21}^{(0)}$ を掛けて，式 ② より引く．

$a_{22}^{(1)}x_2 + a_{23}^{(1)}x_3 = b_2^{(1)}$　　⑤

ただし，$a_{22}^{(1)} = a_{22}^{(0)} - a_{21}^{(0)} \cdot a_{12}^{(1)}$，　$a_{23}^{(1)} = a_{23}^{(0)} - a_{21}^{(0)} \cdot a_{13}^{(1)}$，　$b_2^{(1)} = b_2^{(0)} - a_{21}^{(0)} \cdot b_1^{(1)}$

$(k = 1,$　　式 $(3.13),$　　$j = 2, 3,$　　$i = 2)$

手順 3　式 ④ に $a_{31}^{(0)}$ を掛けて，式 ③ より引く．

$a_{32}^{(1)}x_2 + a_{33}^{(1)}x_3 = b_3^{(1)}$　　⑥

ただし，$a_{32}^{(1)} = a_{32}^{(0)} - a_{31}^{(0)} \cdot a_{12}^{(1)}$，　$a_{33}^{(1)} = a_{33}^{(0)} - a_{31}^{(0)} \cdot a_{13}^{(1)}$，　$b_3^{(1)} = b_3^{(0)} - a_{31}^{(0)} \cdot b_1^{(1)}$

$(k = 1,$　　式 $(3.13),$　　$j = 2, 3,$　　$i = 3)$

手順 4　式 ⑤ を $a_{22}^{(1)}$ で割る．

$x_2 + a_{23}^{(2)}x_3 = b_2^{(2)}$　　⑦　　$\rightarrow \begin{bmatrix} 1 & a_{12}^{(1)} & a_{13}^{(1)} \\ 0 & 1 & a_{23}^{(2)} \\ 0 & a_{32}^{(1)} & a_{33}^{(1)} \end{bmatrix} \begin{bmatrix} x_1 \\ x_2 \\ x_3 \end{bmatrix} = \begin{bmatrix} b_1^{(1)} \\ b_2^{(2)} \\ b_3^{(1)} \end{bmatrix}$

ただし，$a_{23}^{(2)} = \dfrac{a_{23}^{(1)}}{a_{22}^{(1)}}$，　$b_2^{(2)} = \dfrac{b_2^{(1)}}{a_{22}^{(1)}}$

$(k = 2,$　　式 $(3.12),$　　$j = 3)$

手順 5　式 ⑦ に $a_{12}^{(1)}$ を掛けて，式 ④ より引く．

$x_1 + a_{13}^{(2)}x_3 = b_1^{(2)}$　　⑧

ただし，$a_{13}^{(2)} = a_{13}^{(1)} - a_{12}^{(1)} \cdot a_{23}^{(2)}$，　$b_1^{(2)} = b_1^{(1)} - a_{12}^{(1)} \cdot b_2^{(2)}$

$(k = 2,$　　式 $(3.13),$　　$j = 3,$　　$i = 1)$

手順 6　式 ⑦ に $a_{32}^{(1)}$ を掛けて，式 ⑥ より引く．

$a_{33}^{(2)}x_3 = b_3^{(2)}$　　⑨

ただし，$a_{33}^{(2)} = a_{33}^{(1)} - a_{32}^{(1)} \cdot a_{23}^{(2)}$，　$b_3^{(2)} = b_3^{(1)} - a_{32}^{(1)} \cdot b_2^{(2)}$

$(k = 2,$　　式 $(3.13),$　　$j = 3,$　　$i = 3)$

手順 7　式 ⑨ を $a_{33}^{(1)}$ で割る．

$x_3 = b_3^{(3)}$　　⑩　　$\rightarrow \begin{bmatrix} 1 & 0 & a_{13}^{(2)} \\ 0 & 1 & a_{23}^{(2)} \\ 0 & 0 & 1 \end{bmatrix} \begin{bmatrix} x_1 \\ x_2 \\ x_3 \end{bmatrix} = \begin{bmatrix} b_1^{(2)} \\ b_2^{(2)} \\ b_3^{(3)} \end{bmatrix}$

ただし，$b_3^{(3)} = \dfrac{b_3^{(2)}}{a_{33}^{(2)}}$

$(k = 3,$　　式 $(3.12))$

手順 8　式 ⑩ に $a_{13}^{(2)}$ を掛けて，式 ⑧ より引く．

$x_1 = b_1^{(3)}$　　⑪

ただし，$b_1^{(3)} = b_1^{(2)} - a_{13}^{(2)} \cdot b_3^{(3)}$

$(k = 3, \quad 式 (3.13), \quad i = 1)$

手順 9　式 ⑩ に $a_{23}^{(2)}$ を掛けて，式 ⑦ より引く．

$$x_2 = b_2^{(3)} \qquad ⑫ \qquad \rightarrow \begin{bmatrix} 1 & 0 & 0 \\ 0 & 1 & 0 \\ 0 & 0 & 1 \end{bmatrix} \begin{bmatrix} x_1 \\ x_2 \\ x_3 \end{bmatrix} = \begin{bmatrix} b_1^{(3)} \\ b_2^{(3)} \\ b_3^{(3)} \end{bmatrix}$$

ただし，$b_2^{(3)} = b_2^{(2)} - a_{23}^{(2)} \cdot b_3^{(3)}$

$(k = 3, \quad 式 (3.13), \quad i = 2)$

3.2　(1) 式 (3.31) より，

$$x_1^{(k+1)} = -\frac{1}{2}x_2^{(k)} - \frac{1}{2}x_3^{(k)} + \frac{7}{2}, \qquad x_2^{(k+1)} = \frac{1}{2}x_1^{(k+1)} + \frac{1}{2}x_3^{(k)}$$
$$x_3^{(k+1)} = -\frac{1}{2}x_1^{(k+1)} + \frac{1}{2}x_3^{(k+1)} + \frac{5}{2}$$

これより，

$$x_1^{(1)} = -\frac{1}{2}x_2^{(0)} - \frac{1}{2}x_3^{(0)} + \frac{7}{2} = 3.5, \qquad x_2^{(1)} = \frac{1}{2}x_1^{(1)} + \frac{1}{2}x_3^{(0)} = 1.75$$
$$x_3^{(1)} = -\frac{1}{2}x_1^{(1)} + \frac{1}{2}x_3^{(1)} + \frac{5}{2} = 1.625$$

$$x_1^{(2)} = -\frac{1}{2}x_2^{(1)} - \frac{1}{2}x_2^{(1)} + \frac{7}{2} = 1.8125, \qquad x_2^{(2)} = \frac{1}{2}x_1^{(2)} + \frac{1}{2}x_3^{(1)} = 1.71875$$
$$x_3^{(2)} = -\frac{1}{2}x_1^{(2)} + \frac{1}{2}x_2^{(2)} + \frac{5}{2} = 2.453125$$

(2) 式 (3.31) より，

$$x_1^{(k+1)} = -\frac{1}{2}x_2^{(k)} + \frac{1}{2}x_3^{(k)} + 3, \qquad x_2^{(k+1)} = \frac{1}{2}x_1^{(k+1)} + \frac{1}{2}x_3^{(k)} + \frac{3}{2}$$
$$x_3^{(k+1)} = \frac{1}{2}x_1^{(k+1)} + \frac{1}{2}x_3^{(k+1)} - \frac{3}{2}$$

これより，

$$x_1^{(1)} = -\frac{1}{2}x_2^{(0)} + \frac{1}{2}x_3^{(0)} + 3 = 3$$
$$x_2^{(1)} = \frac{1}{2}x_1^{(1)} + \frac{1}{2}x_3^{(0)} + \frac{3}{2} = \frac{1}{2} \cdot 3 + \frac{3}{2} = 3$$
$$x_3^{(1)} = \frac{1}{2}x_1^{(1)} + \frac{1}{2}x_2^{(1)} - \frac{3}{2} = \frac{1}{2} \cdot 3 + \frac{1}{2} \cdot 3 - \frac{3}{2} = \frac{3}{2}$$

$$x_1^{(2)} = -\frac{1}{2}x_2^{(1)} + \frac{1}{2}x_3^{(1)} + 3 = -\frac{1}{2} \cdot 3 + \frac{1}{2} \cdot \frac{3}{2} + 3 = \frac{9}{4}$$
$$x_2^{(2)} = \frac{1}{2}x_1^{(2)} + \frac{1}{2}x_3^{(1)} + \frac{3}{2} = \frac{1}{2} \cdot \frac{9}{4} + \frac{1}{2} \cdot \frac{3}{2} + \frac{3}{2}$$
$$= \frac{9}{8} + \frac{3}{4} + \frac{3}{2} = \frac{9 + 6 + 12}{8} = \frac{27}{8}$$
$$x_3^{(2)} = \frac{1}{2}x_1^{(2)} + \frac{1}{2}x_2^{(2)} - \frac{3}{2} = \frac{1}{2} \cdot \frac{9}{4} + \frac{1}{2} \cdot \frac{27}{8} - \frac{3}{2} = \frac{18 + 27 - 24}{16} = \frac{21}{16}$$

(3) 式 (3.31) より，

$$x_1^{(k+1)} = \frac{1}{2}x_2^{(k)} - \frac{1}{2}x_3^{(k)} + \frac{3}{2}, \qquad x_2^{(k+1)} = -\frac{1}{2}x_1^{(k+1)} + \frac{1}{2}x_3^{(k)} + \frac{1}{2}$$
$$x_3^{(k+1)} = -\frac{1}{2}x_1^{(k+1)} + \frac{1}{2}x_2^{(k+1)} + 2$$

これより，

$$x_1^{(1)} = \frac{1}{2}x_2^{(0)} - \frac{1}{2}x_3^{(0)} + \frac{3}{2} = \frac{3}{2}$$
$$x_2^{(1)} = -\frac{1}{2}x_1^{(1)} + \frac{1}{2}x_3^{(0)} + \frac{1}{2} = -\frac{1}{2}\cdot\frac{3}{2} + \frac{1}{2} = -\frac{1}{4}$$
$$x_3^{(1)} = -\frac{1}{2}x_1^{(1)} + \frac{1}{2}x_2^{(1)} + 2 = -\frac{1}{2}\cdot\frac{3}{2} + \frac{1}{2}\cdot\left(-\frac{1}{4}\right) + 2 = \frac{9}{8}$$

$$x_1^{(2)} = \frac{1}{2}x_2^{(1)} - \frac{1}{2}x_3^{(1)} + \frac{3}{2} = \frac{1}{2}\cdot\left(-\frac{1}{4}\right) - \frac{1}{2}\cdot\frac{9}{8} + \frac{3}{2} = \frac{13}{16}$$
$$x_2^{(2)} = -\frac{1}{2}x_1^{(2)} + \frac{1}{2}x_3^{(1)} + \frac{1}{2} = -\frac{1}{2}\cdot\frac{13}{16} + \frac{1}{2}\cdot\frac{9}{8} + \frac{1}{2}$$
$$= -\frac{13}{32} - \frac{9}{16} + \frac{3}{2} = \frac{-13+18+16}{32} = \frac{21}{32}$$
$$x_3^{(2)} = -\frac{1}{2}x_1^{(2)} + \frac{1}{2}x_2^{(2)} + 2 = -\frac{1}{2}\cdot\frac{13}{16} + \frac{1}{2}\cdot\frac{21}{32} + 2 = -\frac{13}{32} + \frac{21}{64} + 2$$
$$= \frac{-26+21+126}{64} = \frac{123}{64}$$

(4) 式 (3.31) より，

$$x_1^{(k+1)} = -\frac{1}{2}x_2^{(k)} + \frac{1}{2}x_3^{(k)} + 3, \qquad x_2^{(k+1)} = -\frac{1}{2}x_1^{(k+1)} + \frac{1}{2}x_3^{(k)} + 4$$
$$x_3^{(k+1)} = -\frac{1}{2}x_1^{(k+1)} + \frac{1}{2}x_2^{(k+1)} + 1$$

これより，

$$x_1^{(1)} = -\frac{1}{2}x_2^{(0)} + \frac{1}{2}x_3^{(0)} + 3 = 3, \qquad x_2^{(1)} = -\frac{1}{2}x_1^{(1)} + \frac{1}{2}x_3^{(0)} + 4 = 2.5$$
$$x_3^{(1)} = -\frac{1}{2}x_1^{(1)} + \frac{1}{2}x_2^{(1)} + 1 = 0.75$$

$$x_1^{(2)} = -\frac{1}{2}x_2^{(1)} + \frac{1}{2}x_3^{(1)} + 3 = 2.125, \qquad x_2^{(2)} = -\frac{1}{2}x_1^{(2)} + \frac{1}{2}x_3^{(1)} + 4 = 3.3125$$
$$x_3^{(2)} = -\frac{1}{2}x_1^{(2)} + \frac{1}{2}x_2^{(2)} + 1 = 1.5938$$

(5) 式 (3.31) より，

$$x_1^{(k+1)} = -\frac{1}{2}x_2^{(k)} - \frac{1}{2}x_3^{(k)} + 1, \qquad x_2^{(k+1)} = -\frac{1}{2}x_1^{(k+1)} - \frac{1}{2}x_3^{(k)} - 2$$
$$x_3^{(k+1)} = -\frac{1}{2}x_1^{(k+1)} - \frac{1}{2}x_2^{(k+1)} - 1$$

これより，

$$x_1^{(1)} = -\frac{1}{2}x_2^{(0)} - \frac{1}{2}x_3^{(0)} + 1 = 1, \qquad x_2^{(1)} = -\frac{1}{2}x_1^{(1)} - \frac{1}{2}x_3^{(0)} - 2 = -2.5$$

$$x_3^{(1)} = -\frac{1}{2}x_1^{(1)} - \frac{1}{2}x_2^{(1)} - 1 = -0.25$$

$$x_1^{(2)} = -\frac{1}{2}x_2^{(1)} - \frac{1}{2}x_3^{(1)} + 1 = 2.375, \qquad x_2^{(2)} = -\frac{1}{2}x_1^{(2)} - \frac{1}{2}x_3^{(1)} - 2 = -3.0625$$

$$x_3^{(2)} = -\frac{1}{2}x_1^{(2)} - \frac{1}{2}x_2^{(2)} - 1 = -0.65625$$

第4章

4.1 (1) 各階の導関数は，

$$y' = 3x^2 + 6x - y, \quad y'' = 6x + 6 - y', \quad y''' = 6 - y''$$

となり，初期値を代入すると，

$$y_0 = 1, \quad {y'}_0 = -1, \quad {y''}_0 = 6 - (-1) = 7, \quad {y'''}_0 = 6 - 7 = -1$$

となる．式 (4.3) より，次のようになる．

$$\begin{aligned} y_n &= y_0 + \frac{h{y'}_0}{1!}n + \frac{h^2{y''}_0}{2!}n^2 + \frac{h^3{y'''}_0}{3!}n^3 \\ &= 1 - \frac{n}{10} + \frac{7}{2}\left(\frac{n}{10}\right)^2 - \frac{1}{6}\left(\frac{n}{10}\right)^3 \end{aligned}$$

n	x_0	y_0	厳密解
0	0	1	1
1	0.1	0.9348	0.9348
2	0.2	0.9386	0.9387
3	0.3	1.0105	1.0108

厳密解は $y = 3x^2 + e^{-x}$.

(2) 各階の導関数は，

$$y' = 2x^2 + 4x - y, \quad y'' = 4x + 4 - y', \quad y''' = 4 - y''$$

となり，初期値を代入すると，

$$y_0 = 1, \quad {y'}_0 = -1, \quad {y''}_0 = 4 - (-1) = 5, \quad {y'''}_0 = 4 - 5 = -1$$

となる．式 (4.3) より，次のようになる．

$$\begin{aligned} y_n &= y_0 + \frac{h{y'}_0}{1!}n + \frac{h^2{y''}_0}{2!}n^2 + \frac{h^3{y'''}_0}{3!}n^3 \\ &= 1 - \frac{n}{10} + \frac{5}{2}\left(\frac{n}{10}\right)^2 - \frac{1}{6}\left(\frac{n}{10}\right)^3 \end{aligned}$$

n	x_0	y_0	厳密解
0	0	1	1
1	0.1	0.9248	0.9248
2	0.2	0.8986	0.8987
3	0.3	0.9205	0.9208

厳密解は $y = 2x^2 + e^{-x}$.

(3) 各階の導関数は，

$$y' = 2x^2 + 2x - 2y, \quad y'' = 4x + 2 - 2y', \quad y''' = 4 - 2y''$$

となり，初期値を代入すると，

$$y_0 = 1, \quad {y'}_0 = -2, \quad {y''}_0 = 2 - 2 \times -2 = 6, \quad {y'''}_0 = 4 - 2 \times 6 = -8$$

となる．式 (4.3) より，次のようになる．

$$\begin{aligned} y_n &= y_0 + \frac{hy'_0}{1!}n + \frac{h^2 y''_0}{2!}n^2 + \frac{h^3 y'''_0}{3!}n^3 \\ &= 1 - \frac{2n}{10} + \frac{6}{2}\left(\frac{n}{10}\right)^2 - \frac{8}{6}\left(\frac{n}{10}\right)^3 \\ &= 1 - \frac{n}{5} + 3\left(\frac{n}{10}\right)^2 - \frac{4}{3}\left(\frac{n}{10}\right)^3 \end{aligned}$$

n	x_0	y_0	厳密解
0	0	1	1
1	0.1	0.8286	0.8287
2	0.2	0.7093	0.7103
3	0.3	0.634	0.6388

厳密解は $y = x^2 + e^{-2x}$.

(4) 各階の導関数は,

$$y' = x^2 + 2x - y, \quad y'' = 2x + 2 - y', \quad y''' = 2 - y''$$

となり，初期値を代入すると,

$$y_0 = 1, \quad y'_0 = -1, \quad y''_0 = 2 - (-1) = 3, \quad y'''_0 = 2 - 3 = -1$$

となる．式 (4.3) より，次のようになる.

$$\begin{aligned} y_n &= y_0 + \frac{hy'_0}{1!}n + \frac{h^2 y''_0}{2!}n^2 + \frac{h^3 y'''_0}{3!}n^3 \\ &= 1 - \frac{n}{10} + \frac{3}{2}\left(\frac{n}{10}\right)^2 - \frac{1}{6}\left(\frac{n}{10}\right)^3 \end{aligned}$$

n	x_0	y_0	厳密解
0	0	1	1
1	0.1	0.9148	0.9148
2	0.2	0.8586	0.8587
3	0.3	0.8305	0.8308

厳密解は $y = x^2 + e^{-x}$.

4.2　(1) オイラー法により解く.

$$y_1 = y_0 + h(6x_0^2 y_0) = 1 + 0.1 \times (6 \times 0 \times 1) = 1$$
$$y_2 = y_1 + h(6x_1^2 y_1) = 1 + 0.1 \times (6 \times 0.01 \times 1) = 1.006$$

修正オイラー法により解く.

$$\begin{aligned} y_1 &= y_0 + \frac{6x_0^2 y_0 + 6x_1^2 \times \left\{y_0 + h\left(6x_0^2 y_0\right)\right\}}{2}h \\ &= 1 + \frac{6 \times 0 \times 1 + 6 \times 0.01 \times \{1 + 0.1 \times (6 \times 0 \times 1)\}}{2} \times 0.1 = 1.003 \\ y_2 &= y_1 + \frac{6x_1^2 y_1 + 6x_2^2 \times \left\{y_1 + h\left(6x_1^2 y_1\right)\right\}}{2}h \\ &= 1 + \frac{6 \times 0.01 \times 1.003 + 6 \times 0.04 \times \{1.003 + 0.1 \times (6 \times 0.01 \times 1.003)\}}{2} \times 0.1 \\ &= 1.018117 \end{aligned}$$

厳密解は $y = e^{2x^3}$.

x_n	y_n（オイラー法）	y_n（修正オイラー法）	厳密解
0	1	1	1
0.1	1	1.003	1.002002
0.2	1.006	1.018117	1.016129
0.3	1.030144	1.058483	1.055485
0.4	1.085772	1.140613	1.136553
0.5	1.190006	1.289121	1.284025

(2) オイラー法により解く.

$$y_1 = y_0 + h(3x_0^2 y_0) = 1 + 0.1 \times (3 \times 0 \times 1) = 1$$
$$y_2 = y_1 + h(3x_1^2 y_1) = 1 + 0.1 \times (3 \times 0.01 \times 1) = 1.003$$

修正オイラー法により解く.

$$\begin{aligned} y_1 &= y_0 + \frac{3x_0^2 y_0 + 3x_1^2 \times \left\{y_0 + h\left(3x_0^2 y_0\right)\right\}}{2} h \\ &= 1 + \frac{3 \times 0 \times 1 + 3 \times 0.01 \times \{1 + 0.1 \times (3 \times 0 \times 1)\}}{2} \times 0.1 = 1.003 \\ y_2 &= y_1 + \frac{3x_1^2 y_1 + 3x_2^2 \times \left\{y_1 + h\left(3x_1^2 y_1\right)\right\}}{2} h \\ &= 1 + \frac{3 \times 0.01 \times 1.0015 + 3 \times 0.04 \times \{1.0015 + 0.1 \times (3 \times 0.01 \times 1.0015)\}}{2} \times 0.1 \\ &= 1.009029 \end{aligned}$$

厳密解は $y = e^{x^3}$.

x_n	y_n（オイラー法）	y_n（修正オイラー法）	厳密解
0	1	1	1
0.1	1.003	1.0015	1.001001
0.2	1.015036	1.009029	1.008032
0.3	1.042442	1.009029	1.008032
0.4	1.092479	1.068118	1.066092
0.5	1.174415	1.135730	1.133148

(3) オイラー法により解く.

$$y_1 = y_0 + h(x_0 - y_0 + 1) = 1 + 0.1 \times (0 - 1 + 1) = 1$$
$$y_2 = y_1 + h(x_1 - y_1 + 1) = 1 + 0.1 \times (0.1 - 1 + 1) = 1.01$$

修正オイラー法により解く.

$$\begin{aligned} y_1 &= y_0 + \frac{(x_0 - y_0 + 1) + [x_1 - \{y_0 + h\,(x_0 - y_0 + 1)\} + 1]}{2} h \\ &= 1 + \frac{(0 - 1 + 1) + [0.1 - \{1 + 0.1 \times (0 - 1 + 1)\} + 1]}{2} \times 0.1 = 1.005 \end{aligned}$$

$$y_2 = y_1 + \frac{(x_1 - y_1 + 1) + [x_2 - \{y_1 + h(x_1 - y_1 + 1)\} + 1]}{2} h$$

$$= 1.005 + \frac{(0.1 - 1.005 + 1) + [0.2 - \{1.005 + 0.1 \times (0.1 - 1.005 + 1)\} + 1]}{2} \times 0.1$$

$$= 1.019025$$

厳密解は $y = x + e^{-x}$.

n	x_n	y_n（オイラー法）	y_n（修正オイラー法）	厳密解
0	0	1	1	1
1	0.1	1	1.005	1.00483
2	0.2	1.01	1.01903	1.01873
3	0.3	1.029	1.04122	1.01082

(4) オイラー法により解く.

$$y_1 = y_0 + h(2x_0^2 - 2x_0 - 2y_0) = 1 + 0.1 \times -2 = 0.8$$

$$y_2 = y_1 + h(2x_1^2 - 2x_1 - 2y_1)$$

$$= 0.8 + 0.1 \times (0.2 \times 0.1^2 + 2 \times 0.1 - 2 \times 0.8) = 0.662$$

修正オイラー法により解く.

$$y_1 = y_0 + \frac{\left(2x_0^2 + 2x_0 - 2y_0\right) + \left[2x_1^2 + 2x_1 - 2\left\{y_0 + h\left(2x_0^2 + 2x_0 - 2y_0\right)\right\}\right]}{2} h$$

$$= 1 + \frac{-2 - 2(1 - 0.2)}{2} \times 0.1 = 0.82$$

$$y_2 = y_1 + \frac{\left(2x_1^2 + 2x_1 - 2y_1\right) + \left[2x_2^2 + 2x_2 - 2\left\{y_1 + h\left(2x_1^2 + 2x_1 - 2y_1\right)\right\}\right]}{2} h$$

$$= 0.82 +$$

$$\frac{\begin{array}{l}\left(2 \times 0.1^2 + 2 \times 0.1 - 2 \times 0.82\right) \\ \quad + \left[2 \times 0.2^2 + 2 \times 0.2 - 2\left\{0.82 + 0.1\left(2 \times 0.1^2 + 2 \times 0.1 - 2 \times 0.82\right)\right\}\right]\end{array}}{2} \times 0.1$$

$$= 0.7052$$

厳密解は $y = x^2 + e^{-2x}$.

n	x_n	y_n（オイラー法）	y_n（修正オイラー法）	厳密解
0	0	1	1	1
1	0.1	0.8	0.82	0.8287
2	0.2	0.662	0.7052	0.7103

4.3

$$y_1 = y_0 + \frac{x_0^2 + 2x_0 - y_0 + \left[x_1^2 + 2x_1 - \left\{y_0 + h(x_0^2 + 2x_0 - y_0)\right\}\right]}{2} h$$

$$= 1 + \frac{-1 + \left[0.1^2 + 2 \times 0.1 - \{1 + 0.1 \times (-1)\}\right]}{2} \times 0.1 = 0.9155$$

$$y_2 = y_1 + \frac{x_1^2 + 2x_1 - y_1 + \left[x_2^2 + 2x_2 - \left\{y_1 + h(x_1^2 + 2x_1 - y_1)\right\}\right]}{2} h$$

$$= 0.9155 +$$

$$\frac{\begin{gathered} 0.1^2 + 2 \times 0.1 - 0.9155 \\ + \left[0.2^2 + 2 \times 0.2 - \left\{0.9155 + 0.1 \times \left(0.1^2 + 2 \times 0.1 - 0.9155\right)\right\}\right] \end{gathered}}{2} \times 0.1$$

$$= 0.859977484 \cdots$$

x_n	y_n（修正オイラー法）	厳密解
0	1	1
1	0.9155	0.9148
2	0.8600	0.8587
3	0.8326	0.8308
4	0.8325	0.8303
5	0.8591	0.8565

4.4　ルンゲ・クッタの 3 次の公式を用いる．

$$x_{n+1} = x_n + h$$

$$k_{(n)1} = h \cdot x_n \cdot y_n$$

$$k_{(n)2} = h \cdot \left(x_n + \frac{h}{2}\right) \cdot \left(y_n + \frac{k_{(n)1}}{2}\right)$$

$$k_{(n)3} = h \cdot (x_n + h) \cdot \left(y_n - k_{(n)1} + 2k_{(n)2}\right)$$

$$y_{n+1} = y_n + \frac{1}{6}\left(k_{(n)1} + 4k_{(n)2} + k_{(n)3}\right)$$

$$x_1 = x_0 + h = 0 + 0.1 = 0.1$$

$$k_{(0)1} = h \cdot x_0 \cdot y_0 = 0.1 \cdot 0 \cdot 1 = 0$$

$$k_{(0)2} = h \cdot \left(x_0 + \frac{h}{2}\right) \cdot \left(y_0 + \frac{k_{(0)1}}{2}\right) = 0.1 \cdot (0 + 0.05) \cdot (1 + 0) = 0.005$$

$$k_{(0)3} = h \cdot (x_0 + h) \cdot \left(y_0 - k_{(0)1} + 2k_{(0)2}\right)$$

$$= 0.1 \cdot (0 + 0.1) \cdot (1 - 0 + 2 \cdot 0.005) = 0.0101$$

$$y_1 = y_0 + \frac{1}{6}\left(k_{(0)1} + 4k_{(0)2} + k_{(0)3}\right) = 1 + \frac{1}{6} \cdot (0 + 4 \cdot 0.005 + 0.0101)$$

$$= 1.0050167$$

$$x_2 = x_1 + h = 0.1 + 0.1 = 0.2$$

$$k_{(1)1} = h \cdot x_1 \cdot y_1 = 0.1 \cdot 0.1 \cdot 1.0050167 = 0.010050167$$

$$k_{(1)2} = h \cdot \left(x_1 + \frac{h}{2}\right) \cdot \left(y_1 + \frac{k_{(1)1}}{2}\right)$$

$$= 0.1 \cdot (0.1 + 0.05) \cdot (1.0050167 + 0.0050250835) = 0.015150626$$

$$k_{(1)3} = h \cdot (x_1 + h) \cdot \left(y_1 - k_{(1)1} + 2k_{(1)2}\right)$$

$$= 0.1 \cdot (0.1 + 0.1) \cdot (1.0050167 - 0.010050167 + 0.030301252)$$

$$= 0.020505356$$

$$y_2 = y_1 + \frac{1}{6}\left(k_{(1)1} + 4k_{(1)2} + k_{(1)3}\right)$$

$$= 1.0050167 + \frac{1}{6} \cdot (0.010050167 + 4 \cdot 0.015150626 + 0.020505356)$$

$$= 1.0202097$$

$$x_3 = x_2 + h = 0.1 + 0.1 = 0.2$$

$$k_{(2)1} = h \cdot x_2 \cdot y_2 = 0.020404194$$

$$k_{(2)2} = h \cdot \left(x_2 + \frac{h}{2}\right) \cdot \left(y_2 + \frac{k_{(2)1}}{2}\right) = 0.025760295$$

$$k_{(2)3} = h \cdot (x_2 + h) \cdot \left(y_2 - k_{(2)1} + 2k_{(2)2}\right) = 0.031539783$$

$$y_3 = y_2 + \frac{1}{6}\left(k_{(2)1} + 4k_{(2)2} + k_{(2)3}\right) = 1.0460405$$

ルンゲ・クッタの 4 次の公式を用いる.

$$x_{n+1} = x_n + h$$

$$k_{(n)1} = h \cdot x_n \cdot y_n$$

$$k_{(n)2} = h \cdot \left(x_n + \frac{h}{2}\right) \cdot \left(y_n + \frac{k_{(n)1}}{2}\right)$$

$$k_{(n)3} = h \cdot \left(x_n + \frac{h}{2}\right) \cdot \left(y_n + \frac{k_{(n)2}}{2}\right)$$

$$k_{(n)4} = h \cdot (x_n + h) \cdot \left(y_n + k_{(n)3}\right)$$

$$y_{n+1} = y_n + \frac{1}{6}\left(k_{(n)1} + 2k_{(n)2} + 2k_{(n)3} + k_{(n)4}\right)$$

$$x_1 = x_0 + h = 0 + 0.1 = 0.1$$

$$k_{(0)1} = h \cdot x_0 \cdot y_0 = 0.1 \cdot 0 \cdot 1 = 0$$

$$k_{(0)2} = h \cdot \left(x_0 + \frac{h}{2}\right) \cdot \left(y_0 + \frac{k_{(0)1}}{2}\right) = 0.1 \cdot (0 + 0.05) \cdot (1 + 0) = 0.005$$

$$k_{(0)3} = h \cdot \left(x_0 + \frac{h}{2}\right) \cdot \left(y_0 + \frac{k_{(0)2}}{2}\right) = 0.1 \cdot (0 + 0.05) \cdot (1 + 0.0025)$$
$$= 0.0050125$$

$$k_{(0)4} = h \cdot (x_0 + h) \cdot \left(y_0 + k_{(0)3}\right) = 0.1 \cdot (0 + 0.1) \cdot (1 + 0.0050125)$$
$$= 0.010050125$$

$$y_1 = y_0 + \frac{1}{6}\left(k_{(0)1} + 2k_{(0)2} + 2k_{(0)3} + k_{(0)4}\right)$$
$$= 1 + \frac{1}{6} \cdot (0 + 2 \cdot 0.005 + 2 \cdot 0.0050125 + 0.010050125) = 1.0050125$$

$$x_2 = x_1 + h = 0.2$$

$$k_{(1)1} = h \cdot x_1 \cdot y_1 = 0.010050125$$

$$k_{(1)2} = h \cdot \left(x_1 + \frac{h}{2}\right) \cdot \left(y_1 + \frac{k_{(1)1}}{2}\right)$$
$$= 0.1 \cdot (0.1 + 0.05) \cdot (1.0050125 + 0.0050250625) = 0.015150564$$

$$k_{(1)3} = h \cdot \left(x_1 + \frac{h}{2}\right) \cdot \left(y_1 + \frac{k_{(1)2}}{2}\right)$$
$$= 0.1 \cdot (0.1 + 0.05) \cdot (1.0050125 + 0.007575282) = 0.015188817$$

$$k_{(1)4} = h \cdot (x_1 + h) \cdot \left(y_1 + k_{(1)3}\right)$$
$$= 0.1 \cdot (0.1 + 0.1) \cdot (1.0050125 + 0.015188817) = 0.020404026$$

$$y_2 = y_1 + \frac{1}{6}\left(k_{(1)1} + 2k_{(1)2} + 2k_{(1)3} + k_{(1)4}\right)$$
$$= 1.0050125 + \frac{1}{6} \cdot (0.010050125 + 2 \cdot 0.015150564 + 2 \cdot 0.015188817$$
$$+ 0.020404026)$$
$$= 1.0202097$$

$$x_3 = x_2 + h = 0.3$$

$$k_{(2)1} = h \cdot x_2 \cdot y_2 = 0.02040426$$

$$k_{(2)2} = h \cdot \left(x_2 + \frac{h}{2}\right) \cdot \left(y_2 + \frac{k_{(2)1}}{2}\right) = 0.025760084$$

$$k_{(2)3} = h \cdot \left(x_2 + \frac{h}{2}\right) \cdot \left(y_2 + \frac{k_{(2)2}}{2}\right) = 0.025827035$$

$$k_{(2)4} = h \cdot (x_2 + h) \cdot \left(y_2 + k_{(2)3}\right) = 0.031380851$$

$$y_3 = y_2 + \frac{1}{6}\left(k_{(2)1} + 2k_{(2)2} + 2k_{(2)3} + k_{(2)4}\right) = 1.0460279$$

n	x_n	y_n (オイラー法)	y_n (修正オイラー法)	y_n (ルンゲ・クッタ 3 次)	y_n (ルンゲ・クッタ 4 次)	y (厳密解)
0	0	1	1	1	1	1
1	0.1	1.0000000	1.0050000	1.0050167	1.0050125	1.0050125
2	0.2	1.0100000	1.0201755	1.0202097	1.0202013	1.0202013
3	0.3	1.0302000	1.0459859	1.0460405	1.0460279	1.0460279

4.5 (1)
$$x_{n+1} = x_n + h$$
$$y_{n+1} = y_n + h \cdot (-y_n + 2z_n)$$
$$z_{n+1} = z_n + h \cdot (-y_n + z_n)$$

より，次のようになる．

$$x_1 = x_0 + 0.1 = 0 + 0.1 = 0.1$$
$$y_1 = y_0 + h \cdot (-y_0 + 2z_0) = 1 + 0.1 \cdot (-1 + 2) = 1.1$$
$$z_1 = z_0 + h \cdot (-y_0 + z_0) = 1 + 0.1 \cdot (-1 + 1) = 1$$

$$x_2 = x_1 + 0.1 = 0.1 + 0.1 = 0.2$$
$$y_2 = y_1 + h \cdot (-y_1 + 2z_1) = 1.1 + 0.1 \cdot (-1.1 + 2) = 1.19$$
$$z_2 = z_1 + h \cdot (-y_1 + z_1) = 1 + 0.1 \cdot (-1.1 + 1) = 0.99$$

$$x_3 = x_2 + 0.1 = 0.2 + 0.1 = 0.3$$
$$y_3 = y_2 + h \cdot (-y_2 + 2z_2)$$
$$= 1.19 + 0.1 \cdot (-1.19 + 2 \times 0.99)$$
$$= 1.269$$
$$z_3 = z_2 + h \cdot (-y_2 + z_2)$$
$$= 0.99 + 0.1 \cdot (-1.19 + 0.99)$$
$$= 0.97$$

n	x_n	y_n		z_n	
		数値解	厳密解	数値解	厳密解
0	0	1	1	1	1
1	0.1	1.1	1.0948	1	0.9950
2	0.2	1.19	1.1787	0.9	0.9801
3	0.3	1.269	1.2509	0.97	0.9553

厳密解は，$y = \sin x + \cos x$，$z = \cos x$．

(2)
$$x_{n+1} = x_n + h$$
$$y_{n+1} = y_n + h \cdot (y_n - z_n)$$
$$z_{n+1} = z_n + h \cdot (2y_n - z_n)$$

より，次のようになる．

$$x_1 = x_0 + 0.1 = 0 + 0.1 = 0.1$$
$$y_1 = y_0 + h \cdot (y_0 - z_0) = 1 + 0.1 \cdot (1 - 1) = 1$$

$$z_1 = z_0 + h \cdot (2y_0 - z_0) = 1 + 0.1 \cdot (2 \cdot 1 - 1) = 1.1$$

$$x_2 = x_1 + 0.1 = 0.1 + 0.1 = 0.2$$
$$y_2 = y_1 + h \cdot (y_1 - z_1) = 1 + 0.1 \cdot (1 - 1.1) = 0.99$$
$$z_2 = z_1 + h \cdot (2y_1 - z_1) = 1.1 + 0.1 \cdot (2 \cdot 1 - 1.1) = 1.19$$

$$x_3 = x_2 + 0.1 = 0.2 + 0.1 = 0.3$$
$$\begin{aligned} y_3 &= y_2 + h \cdot (y_2 - z_2) \\ &= 0.99 + 0.1 \cdot (0.99 - 1.19) \\ &= 0.97 \end{aligned}$$
$$\begin{aligned} z_3 &= z_2 + h \cdot (2y_2 - z_2) \\ &= 1.19 + 0.1 \cdot (2 \cdot 0.99 - 1.19) \\ &= 1.269 \end{aligned}$$

n	x_n	y_n		z_n	
		数値解	厳密解	数値解	厳密解
0	0	1	1	1	1
1	0.1	1	0.9950	1.1	1.0948
2	0.2	0.99	0.9801	1.19	1.1787
3	0.3	0.97	0.9553	1.269	1.2509

厳密解は，$y = \cos x$，$z = \sin x + \cos x$.

(3) $$\begin{aligned} x_{n+1} &= x_n + h \\ y_{n+1} &= y_n + h \cdot z_n \\ z_{n+1} &= z_n - h \cdot y_n \end{aligned}$$

より，次のようになる．

$$x_1 = x_0 + 0.1 = 0 + 0.1 = 0.1$$
$$y_1 = y_0 + h \cdot z_0 = 1 + 0.1 \cdot 0 = 1$$
$$z_1 = z_0 - h \cdot y_0 = 0 - 0.1 \cdot 1 = -0.1$$

$$x_2 = x_1 + 0.1 = 0.1 + 0.1 = 0.2$$
$$y_2 = y_1 + h \cdot z_1 = 1 - 0.1 \cdot 0.1 = 0.99$$
$$z_2 = z_1 - h \cdot y_1 = -0.1 - 0.1 \cdot 1 = -0.2$$

$$x_3 = x_2 + 0.1 = 0.2 + 0.1 = 0.3$$
$$y_3 = y_2 + h \cdot z_2 = 0.99 + 0.1 \cdot (-0.2) = 0.97$$

$$\begin{aligned} z_3 &= z_2 - h \cdot y_2 \\ &= -0.2 - 0.1 \cdot 0.99 \\ &= -0.299 \end{aligned}$$

厳密解は，$y = \cos x$，$z = -\sin x$.

n	x_n	y_n	y（厳密解）	z_n	z（厳密解）
0	0	1	1.0000	0	0.0000
1	0.1	1	0.9950	−0.1	−0.0998
2	0.2	0.99	0.9801	−0.2	−0.1987
3	0.3	0.97	0.9553	−0.299	−0.2955

(4)
$$x_{n+1} = x_n + h$$
$$y_{n+1} = y_n + h \cdot (-y_n + z_n)$$
$$z_{n+1} = z_n + h \cdot (-2y_n + z_n)$$

より，次のようになる．

$$x_1 = x_0 + 0.1 = 0 + 0.1 = 0.1$$
$$y_1 = y_0 + h \cdot (-y_0 + z_0) = 1 + 0.1 \cdot (-1 + 2) = 1$$
$$z_1 = z_0 + h \cdot (-2y_0 + z_0) = 1 + 0.1 \cdot (-2 + 1) = 0.9$$

$$x_2 = x_1 + 0.1 = 0.1 + 0.1 = 0.2$$
$$y_2 = y_1 + h \cdot (-y_1 + z_1) = 1 + 0.1 \cdot (-1 + 0.9) = 0.99$$
$$z_2 = z_1 + h \cdot (-2y_1 + z_1) = 0.9 + 0.1 \cdot (-2 \cdot 1 + 0.9) = 0.79$$

$$x_3 = x_2 + 0.1 = 0.2 + 0.1 = 0.3$$
$$y_3 = y_2 + h \cdot (-y_2 + z_2) = 0.99 + 0.1 \cdot (-0.99 + 0.79) = 0.97$$
$$z_3 = z_2 + h \cdot (-2y_2 + z_2) = 0.79 + 0.1 \cdot (-2 \cdot 0.99 + 0.79) = 0.671$$

厳密解は，$y = \cos x$，$z = \cos x - \sin x$.

n	x_n	y_n		z_n	
		数値解	厳密解	数値解	厳密解
0	0	1	1	1	1
1	0.1	1	0.9950	0.9	0.8952
2	0.2	0.99	0.9801	0.79	0.7814
3	0.3	0.97	0.9553	0.671	0.6598

4.6　$z = \mathrm{d}y/\mathrm{d}x$ を導入すると，

$$\frac{\mathrm{d}y}{\mathrm{d}x} = z, \qquad \frac{\mathrm{d}z}{\mathrm{d}x} = 2x + y^2$$

オイラー法を適用すると，次のようになる．

$$y_{n+1} = y_n + hz_n$$
$$z_{n+1} = z_n + h(2x_n + y_n^2)$$

$$y_1 = y_0 + hz_0 = 2 + 0.1 \times 2 = 1.2$$
$$z_1 = z_0 + h(2x_0 + y_0^2) = 2 + 0.1 \times (2 \times 0 + 1) = 2.1$$

$$y_2 = y_1 + hz_1 = 1.2 + 0.1 \times 2.1 = 1.41$$
$$\begin{aligned} z_2 &= z_1 + h(2x_1 + y_1^2) \\ &= 2.1 + 0.1 \times (2 \times 0.1 + 1.2^2) \\ &= 2.264 \end{aligned}$$

n	x_n	y_n	z_n
0	0	1	2
1	0.1	1.2	2.1
2	0.2	1.41	2.264

第 5 章

5.1 (1) $S = (4 - A - B)^2 + (3 - 2A - B)^2 + (1 - 3A - B)^2 + (0 - 4A - B)^2$

$$\begin{aligned} \frac{\partial S}{\partial A} &= -2\,(4 - A - B) - 4\,(3 - 2A - B) - 6\,(1 - 3A - B) - 8\,(0 - 4A - B) \\ &= -8 + 2A + 2B - 12 + 8A + 4B - 6 + 18A + 6B + 32A + 8B \\ &= 60A + 20B - 26 \end{aligned}$$

$$\begin{aligned} \frac{\partial S}{\partial B} &= -2\,(4 - A - B) - 2\,(3 - 2A - B) - 2\,(1 - 3A - B) - 2\,(0 - 4A - B) \\ &= -8 + 2A + 2B - 6 + 4A + 2B - 2 + 6A + 2B + 8A + 2B \\ &= 20A + 8B - 16 \end{aligned}$$

$\partial S/\partial A = 0$, $\partial S/\partial B = 0$ より，

$$60A + 20B - 26 = 0$$
$$20A + 8B - 16 = 0 \quad \Leftrightarrow \quad A = -1.4, \qquad B = 5.5$$

となる．よって，近似直線は，$y = 1.4x + 5.5$.

式 (5.8) を用いた場合，

$$\sum_{i=1}^{n} x_i = 10, \qquad \sum_{i=1}^{n} x_i^2 = 30, \qquad \sum_{i=1}^{n} y_i = 8, \qquad \sum_{i=1}^{n} x_i y_i = 13$$

を式 (5.8) に代入し，

$$a = \frac{4 \times 13 - 10 \times 8}{4 \times 30 - 10^2} = -1.4, \qquad b = \frac{8 \times 30 - 13 \times 10}{4 \times 30 - 10^2} = 5.5$$

となる．よって，近似直線は，$y = -1.4x + 5.5$.

(2) $S = (0 - A - B)^2 + (1 - 2A - B)^2 + (4 - 3A - B)^2 + (5 - 4A - B)^2$

$$\begin{aligned} \frac{\partial S}{\partial A} &= -2\,(-A - B) - 4\,(1 - 2A - B) - 6\,(4 - 3A - B) - 8\,(5 - 4A - B) \\ &= 2A + 2B - 4 + 8A + 4B - 24 + 18A + 6B - 40 + 32A + 8B \\ &= 60A + 20B - 68 \end{aligned}$$

$$\frac{\partial S}{\partial B} = -2(-A-B) - 2(1-2A-B) - 2(4-3A-B) - 2(5-4A-B)$$
$$= 2A + 2B - 2 + 4A + 2B - 8 + 6A + 2B - 10 + 8A + 2B$$
$$= 20A + 8B - 20$$

$\partial S/\partial A = 0$, $\partial S/\partial B = 0$ より，

$$60A + 20B - 68 = 0$$
$$20A + 8B - 20 = 0 \quad \Leftrightarrow \quad A = 1.8, \qquad B = -2$$

となる．よって，近似直線は，$y = 1.8x - 2$.

式 (5.8) を用いた場合，

$$\sum_{i=1}^{n} x_i = 10, \qquad \sum_{i=1}^{n} x_i^2 = 30, \qquad \sum_{i=1}^{n} y_i = 10, \qquad \sum_{i=1}^{n} x_i y_i = 34$$

を式 (5.8) に代入し，

$$a = \frac{4 \times 34 - 10 \times 10}{4 \times 30 - 10^2} = 1.8, \qquad b = \frac{10 \times 30 - 34 \times 10}{4 \times 30 - 10^2} = 2$$

となる．よって，近似直線は，$y = 1.8x - 2$.

(3) $$S = (0-A-B)^2 + (2-2A-B)^2 + (3-3A-B)^2 + (5-4A-B)^2$$

$$\frac{\partial S}{\partial A} = -2(-A-B) - 4(2-2A-B) - 6(3-3A-B) - 8(5-4A-B)$$
$$= 2A + 2B - 8 + 8A + 4B - 18 + 18A + 6B - 40 + 32A + 8B$$
$$= 60A + 20B - 66$$

$$\frac{\partial S}{\partial B} = -2(-A-B) - 2(2-2A-B) - 2(3-3A-B) - 2(5-4A-B)$$
$$= 2A + 2B - 4 + 4A + 2B - 6 + 6A + 2B - 10 + 8A + 2B$$
$$= 20A + 8B - 20$$

$\partial S/\partial A = 0$, $\partial S/\partial B = 0$ より，

$$60A + 20B - 66 = 0$$
$$20A + 8B - 20 = 0 \quad \Leftrightarrow \quad A = 1.6, \qquad B = -1.5$$

となる．よって，近似直線は，$y = 1.6x - 1.5$.

(4) $$S = (0-A-B)^2 + (2-2A-B)^2 + (4-3A-B)^2 + (4-4A-B)^2$$

$$\frac{\partial S}{\partial A} = -2(-A-B) - 4(2-2A-B) - 6(4-3A-B) - 8(4-4A-B)$$
$$= 2A + 2B - 8 + 8A + 4B - 24 + 18A + 6B - 32 + 32A + 8B$$

$$= 60A + 20B - 64$$

$$\begin{aligned}\frac{\partial S}{\partial B} &= -2(-A-B) - 2(2-2A-B) - 2(4-3A-B) - 2(4-4A-B) \\ &= 2A + 2B - 4 + 4A + 2B - 8 + 6A + 2B - 8 + 8A + 2B \\ &= 20A + 8B - 20\end{aligned}$$

$\partial S/\partial A = 0$, $\partial S/\partial B = 0$ より，

$$\begin{aligned}&60A + 20B - 64 = 0 \\ &20A + 8B - 20 = 0 \quad \Leftrightarrow \quad A = 1.4, \qquad B = -1\end{aligned}$$

となる．よって，近似直線は，$y = 1.4x - 1$.

式 (5.8) を用いた場合，

$$\sum_{i=1}^{n} x_i = 10, \qquad \sum_{i=1}^{n} x_i^2 = 30, \qquad \sum_{i=1}^{n} y_i = 10, \qquad \sum_{i=1}^{n} x_i y_i = 32$$

を式 (5.8) に代入し，

$$a = \frac{4 \times 32 - 10 \times 10}{4 \times 30 - 10^2} = 1.4, \qquad b = \frac{10 \times 30 - 32 \times 10}{4 \times 30 - 10^2} = -1$$

となる．よって，近似直線は，$y = 1.4x - 1$.

(5)
$$S = (0 - A - B)^2 + (1 - 2A - B)^2 + (2 - 3A - B)^2 + (4 - 4A - B)^2$$

$$\begin{aligned}\frac{\partial S}{\partial A} &= -2(-A-B) - 4(1-2A-B) - 6(2-3A-B) - 8(4-4A-B) \\ &= 2A + 2B - 4 + 8A + 4B - 12 + 18A + 6B - 32 + 32A + 8B \\ &= 60A + 20B - 48\end{aligned}$$

$$\begin{aligned}\frac{\partial S}{\partial B} &= -2(-A-B) - 2(1-2A-B) - 2(2-3A-B) - 2(4-4A-B) \\ &= 2A + 2B - 2 + 4A + 2B - 4 + 6A + 2B - 8 + 8A + 2B \\ &= 20A + 8B - 14\end{aligned}$$

$\partial S/\partial A = 0$, $\partial S/\partial B = 0$ より，

$$\begin{aligned}&60A + 20B - 48 = 0 \\ &20A + 8B - 14 = 0 \quad \Leftrightarrow \quad A = 1.3, \qquad B = -1.5\end{aligned}$$

となる．よって，近似直線は，$y = 1.3x - 1.5$.

式 (5.8) を用いた場合，

$$\sum_{i=1}^{n} x_i = 10, \qquad \sum_{i=1}^{n} x_i^2 = 30, \qquad \sum_{i=1}^{n} y_i = 7, \qquad \sum_{i=1}^{n} xy = 24$$

を式 (5.8) に代入し，

$$a = \frac{4 \times 24 - 10 \times 7}{4 \times 30 - 10^2} = 1.3, \qquad b = \frac{7 \times 30 - 24 \times 10}{4 \times 30 - 10^2} = -1.5$$

となる．よって，近似直線は，$y = 1.3x - 1.5$.

(6)
$$S = (1 - A - B)^2 + (1 - 2A - B)^2 + (2 - 3A - B)^2 + (3 - 4A - B)^2$$

$$\begin{aligned}\frac{\partial S}{\partial A} &= -2(1 - A - B) - 4(1 - 2A - B) - 6(2 - 3A - B) - 8(3 - 4A - B) \\ &= -2 + 2A + 2B - 4 + 8A + 4B - 12 + 18A + 6B - 24 + 32A + 8B \\ &= 60A + 20B - 42\end{aligned}$$

$$\begin{aligned}\frac{\partial S}{\partial B} &= -2(1 - A - B) - 2(1 - 2A - B) - 2(2 - 3A - B) - 2(3 - 4A - B) \\ &= -2 + 2A + 2B - 2 + 4A + 2B - 4 + 6A + 2B - 6 + 8A + 2B \\ &= 20A + 8B - 14\end{aligned}$$

$\partial S/\partial A = 0$, $\partial S/\partial B = 0$ より，

$$\begin{aligned}&60A + 20B - 42 = 0 \\ &20A + 8B - 14 = 0 \quad \Leftrightarrow \quad A = 0.7, \qquad B = 0\end{aligned}$$

となる．よって，近似直線は，$y = 0.7x$.

式 (5.8) を用いた場合，

$$\sum_{i=1}^{n} x_i = 10, \qquad \sum_{i=1}^{n} x_i^2 = 30, \qquad \sum_{i=1}^{n} y_i = 7, \qquad \sum_{i=1}^{n} x_i y_i = 21$$

を式 (5.8) に代入し，

$$a = \frac{4 \times 21 - 10 \times 7}{4 \times 30 - 10^2} = 0.7, \qquad b = \frac{7 \times 30 - 21 \times 10}{4 \times 30 - 10^2} = 0$$

となる．よって，近似直線は，$y = 0.7x$.

5.2 (1) 誤差の 2 乗の和 S は，

$$\begin{aligned}S &= (0 - 0a - 0b - c)^2 + (-1 - a - b - c)^2 + (1 - 4a - 2b - c)^2 \\ &\quad + (4 - 9a - 3b - c)^2 \\ &= c^2 + (-1 - a - b - c)^2 + (1 - 4a - 2b - c)^2 + (4 - 9a - 3b - c)^2\end{aligned}$$

$$\begin{aligned}\frac{\partial S}{\partial a} &= -2(-1 - a - b - c) + 8(1 - 4a - 2b - c) + 18(4 - 9a - 3b - c) \\ &= -78 + 196a + 72b + 28c\end{aligned}$$

$$\begin{aligned}\frac{\partial S}{\partial b} &= -2(-1 - a - b - c) - 4(1 - 4a - 2b - c) - 6(4 - 9a - 3b - c) \\ &= -26 + 72a + 28b + 12c\end{aligned}$$

$$\frac{\partial S}{\partial c} = -2(-1-a-b-c) - 2(1-4a-2b-c) - 2(4-9a-3b-c)$$
$$= -8 + 28a + 12b + 8c$$

$\partial S/\partial a = 0$, $\partial S/\partial b = 0$, $\partial S/\partial c = 0$ より，

$$-39 + 98a + 36b + 14c = 0$$
$$-13 + 36a + 14b + 6c = 0$$
$$-2 + 7a + 3b + 2c = 0 \quad \Leftrightarrow \quad a = 1, \quad b = -1.6, \quad c = -0.1$$

となる．よって，近似曲線は，$y = x^2 - 1.6x - 0.1$.

式 (5.17) を用いた場合，

$$\sum_{i=1}^{n} x_i = 6, \quad \sum_{i=1}^{n} x_i^2 = 14, \quad \sum_{i=1}^{n} x_i^3 = 36, \quad \sum_{i=1}^{n} x_i^4 = 98$$
$$\sum_{i=1}^{n} y_i = 4, \quad \sum_{i=1}^{n} x_i y_i = 13, \quad \sum_{i=1}^{n} x_i^2 y_i = 39$$

を式 (5.13) に代入し，

$$a = 1, \quad b = -1.6, \quad c = -0.1$$

となる．よって，近似曲線は，$y = x^2 - 1.6x - 0.1$.

5.3　解表 5.1 のように差分表を作成する．式 (5.14) より，

$$f(x) = 2 + \frac{(x-0)}{1!} \cdot \frac{1}{1} + \frac{(x-0)(x-1)}{2!} \cdot \frac{-2}{1^2} + \frac{(x-0)(x-1)(x-2)}{3!} \cdot \frac{6}{1^3}$$
$$= x^3 - 4x^2 + 4x + 2$$

解表 5.1

x	y	Δy	$\Delta^2 y$	$\Delta^3 y$
0	2	1	-2	6
1	3	-1	4	
2	2	3		
3	5			

5.4　(1) 式 (5.43) において $j = 1$ とし，

$$\left(\frac{\Delta h_1}{6}\right) u_2 + \left(\frac{\Delta h_0 + \Delta h_1}{3}\right) u_1 + \left(\frac{\Delta h_0}{6}\right) u_0$$
$$= \left(\frac{1}{\Delta h_1}\right) f_2 - \left(\frac{1}{\Delta h_1} + \frac{1}{\Delta h_0}\right) f_1 + \left(\frac{1}{\Delta h_0}\right) f_0$$

$\Delta h_1 = \Delta h_0 = 1$, $x_0 = 0$, $x_1 = 1$, $x_2 = 2$, $f_0 = 3$, $f_1 = 1$, $f_2 = 5$, $u_0 = u_2 = 0$ を上式に代入し，

$$\frac{2}{3} u_1 = 6 \quad \Leftrightarrow \quad u_1 = 9$$

となる．式 (5.40) より，次のようになる．

$$s_0(x) = -\frac{u_0}{6\Delta h_0}(x - x_1)^3 + \frac{u_1}{6\Delta h_0}(x - x_0)^3 + \left(\frac{f_1}{\Delta h_0} - \frac{u_1 \Delta h_0}{6}\right)(x - x_0)$$

$$
\begin{aligned}
&\quad -\left(\frac{f_0}{\Delta h_0}-\frac{u_0\Delta h_0}{6}\right)(x-x_1)\\
&= \frac{9}{6}x^3+\left(1-\frac{9}{6}\right)x-3(x-1)=1.5x^3-3.5x+3
\end{aligned}
$$

$$
\begin{aligned}
s_1(x) &= -\frac{u_1}{6\Delta h_1}(x-x_2)^3+\frac{u_2}{6\Delta h_1}(x-x_1)^3+\left(\frac{f_2}{\Delta h_1}-\frac{u_2\Delta h_1}{6}\right)(x-x_1)\\
&\quad -\left(\frac{f_1}{\Delta h_1}-\frac{u_1\Delta h_1}{6}\right)(x-x_2)\\
&= -\frac{9}{6}(x-2)^3+5(x-1)+\frac{1}{2}(x-2)=-1.5x^3+9x^2-12.5x+6
\end{aligned}
$$

(2) 式 (5.43) において $j=1$ とし,

$$
\begin{aligned}
&\left(\frac{\Delta h_1}{6}\right)u_2+\left(\frac{\Delta h_0+\Delta h_1}{3}\right)u_1+\left(\frac{\Delta h_0}{6}\right)u_0\\
&\quad =\left(\frac{1}{\Delta h_1}\right)f_2-\left(\frac{1}{\Delta h_1}+\frac{1}{\Delta h_0}\right)f_1+\left(\frac{1}{\Delta h_0}\right)f_0
\end{aligned}
$$

$\Delta h_1=\Delta h_0=1$, $x_0=0$, $x_1=1$, $x_2=2$, $f_0=0$, $f_1=1$, $f_2=6$, $u_0=u_2=0$ を上式に代入し,

$$
\frac{2}{3}u_1=6\cdot 2\cdot 1 \quad \Leftrightarrow \quad u_1=6
$$

となる. 式 (5.40) より, 次のようになる.

$$
\begin{aligned}
s_0(x) &= -\frac{u_0}{6\Delta h_0}(x-x_1)^3+\frac{u_1}{6\Delta h_0}(x-x_0)^3+\left(\frac{f_1}{\Delta h_0}-\frac{u_1\Delta h_0}{6}\right)(x-x_0)\\
&\quad -\left(\frac{f_0}{\Delta h_0}-\frac{u_0\Delta h_0}{6}\right)(x-x_1)\\
&= \frac{6}{6\cdot 1}(x-0)^3+\left(\frac{1}{1}-\frac{6\cdot 1}{6}\right)(x-0)=x^3
\end{aligned}
$$

$$
\begin{aligned}
s_1(x) &= -\frac{u_1}{6\Delta h_1}(x-x_2)^3+\frac{u_2}{6\Delta h_1}(x-x_1)^3+\left(\frac{f_2}{\Delta h_1}-\frac{u_2\Delta h_1}{6}\right)(x-x_1)\\
&\quad -\left(\frac{f_1}{\Delta h_1}-\frac{u_1\Delta h_1}{6}\right)(x-x_2)\\
&= -\frac{6}{6\cdot 1}(x-2)^3+\left(\frac{6}{1}-\frac{0\cdot 1}{6}\right)(x-1)-\left(\frac{1}{1}-\frac{6\cdot 1}{6}\right)(x-2)\\
&= -(x-2)^3+6(x-1)\\
&= -x^3+6x^2-12x+8+6x-6=-x^3+6x^2-6x+2
\end{aligned}
$$

(3) 式 (5.43) において $j=1$ とし,

$$
\left(\frac{\Delta h_1}{6}\right)u_2+\left(\frac{\Delta h_0+\Delta h_1}{3}\right)u_1+\left(\frac{\Delta h_0}{6}\right)u_0
$$

$$= \left(\frac{1}{\Delta h_1}\right) f_2 - \left(\frac{1}{\Delta h_1} + \frac{1}{\Delta h_0}\right) f_1 + \left(\frac{1}{\Delta h_0}\right) f_0$$

$\Delta h_1 = \Delta h_0 = 1$, $f_0 = -1$, $f_1 = 1$, $f_2 = 1$, $u_0 = 0$ を上式に代入し，

$$\frac{1}{6}u_2 + \frac{2}{3}u_1 = -2 \quad \Leftrightarrow \quad u_2 + 4u_1 = -12 \qquad ①$$

となる．また，式 (5.43) において $j = 2$ とし，

$$\left(\frac{\Delta h_2}{6}\right) u_3 + \left(\frac{\Delta h_1 + \Delta h_2}{3}\right) u_2 + \left(\frac{\Delta h_1}{6}\right) u_1$$
$$= \left(\frac{1}{\Delta h_2}\right) f_3 - \left(\frac{1}{\Delta h_2} + \frac{1}{\Delta h_1}\right) f_2 + \left(\frac{1}{\Delta h_1}\right) f_1$$

$\Delta h_2 = \Delta h_1 = 1$, $f_1 = 1$, $f_2 = 1$, $f_3 = 3$, $u_3 = 0$ を上式に代入し，

$$\frac{2}{3}u_2 + \frac{1}{6}u_1 = 2 \quad \Leftrightarrow \quad 4u_2 + u_1 = 12 \qquad ②$$

となる．式 ①，② より

$$u_2 = 4, \qquad u_1 = -4$$

となり，式 (5.40) より，次のようになる．

$$s_0(x) = -\frac{u_0}{6\Delta h_0}(x - x_1)^3 + \frac{u_1}{6\Delta h_0}(x - x_0)^3 + \left(\frac{f_1}{\Delta h_0} - \frac{u_1 \Delta h_0}{6}\right)(x - x_0)$$
$$- \left(\frac{f_0}{\Delta h_0} - \frac{u_0 \Delta h_0}{6}\right)(x - x_1)$$
$$= -\frac{0}{6 \cdot 1}(x - 1)^3 + \frac{-4}{6 \cdot 1}(x - 0)^3 + \left(\frac{1}{1} - \frac{-4 \cdot 1}{6}\right)(x - 0)$$
$$- \left(\frac{-1}{1} - \frac{0 \cdot 1}{6}\right)(x - 1)$$
$$= -\frac{2}{3}x^3 + \frac{8}{3}x - 1$$

$$s_1(x) = -\frac{u_1}{6\Delta h_1}(x - x_2)^3 + \frac{u_2}{6\Delta h_1}(x - x_1)^3 + \left(\frac{f_2}{\Delta h_1} - \frac{u_2 \Delta h_1}{6}\right)(x - x_1)$$
$$- \left(\frac{f_1}{\Delta h_1} - \frac{u_1 \Delta h_1}{6}\right)(x - x_2)$$
$$= -\frac{-4}{6 \cdot 1}(x - 2)^3 + \frac{4}{6 \cdot 1}(x - 1)^3 + \left(\frac{1}{1} - \frac{4 \cdot 1}{6}\right)(x - 1)$$
$$- \left(\frac{1}{1} - \frac{-4 \cdot 1}{6}\right)(x - 2)$$
$$= \frac{2}{3}(x - 2)^3 + \frac{2}{3}(x - 1)^3 + \frac{1}{3}(x - 1) - \frac{5}{3}(x - 2)$$
$$= \frac{1}{3}\left(4x^3 - 18x^2 + 26x - 9\right)$$

$$s_2(x) = -\frac{u_2}{6\Delta h_2}(x-x_3)^3 + \frac{u_3}{6\Delta h_2}(x-x_2)^3 + \left(\frac{f_3}{\Delta h_2} - \frac{u_3 \Delta h_2}{6}\right)(x-x_2)$$
$$- \left(\frac{f_2}{\Delta h_2} - \frac{u_2 \Delta h_2}{6}\right)(x-x_3)$$
$$= -\frac{4}{6 \cdot 1}(x-3)^3 + \frac{0}{6 \cdot 1}(x-2)^3 + \left(\frac{3}{1} - \frac{0 \cdot 1}{6}\right)(x-2)$$
$$- \left(\frac{1}{1} - \frac{4 \cdot 1}{6}\right)(x-3)$$
$$= -\frac{2}{3}(x-3)^3 + 3(x-2) - \frac{1}{3}(x-3)$$
$$= \frac{1}{3}\left(-2x^3 + 18x^2 - 46x + 39\right)$$

(4) 式 (5.43) において $j=1$ とし，

$$\left(\frac{\Delta h_1}{6}\right)u_2 + \left(\frac{\Delta h_0 + \Delta h_1}{3}\right)u_1 + \left(\frac{\Delta h_0}{6}\right)u_0$$
$$= \left(\frac{1}{\Delta h_1}\right)f_2 - \left(\frac{1}{\Delta h_1} + \frac{1}{\Delta h_0}\right)f_1 + \left(\frac{1}{\Delta h_0}\right)f_0$$

$\Delta h_1 = \Delta h_0 = 1$，$f_0 = 0$，$f_1 = 1$，$f_2 = 1$，$f_3 = 2$，$u_0 = 0$ を上式に代入し，

$$\frac{1}{6}u_2 + \frac{2}{3}u_1 + \frac{1}{6}u_0 = -1 \quad \Leftrightarrow \quad u_2 + 4u_1 = -6 \qquad ①$$

となる．また，式 (5.43) において $j=2$ とし，

$$\left(\frac{\Delta h_2}{6}\right)u_3 + \left(\frac{\Delta h_1 + \Delta h_2}{3}\right)u_2 + \left(\frac{\Delta h_1}{6}\right)u_1$$
$$= \left(\frac{1}{\Delta h_2}\right)f_3 - \left(\frac{1}{\Delta h_2} + \frac{1}{\Delta h_1}\right)f_2 + \left(\frac{1}{\Delta h_1}\right)f_1$$

$\Delta h_2 = \Delta h_1 = 1$，$f_1 = 1$，$f_2 = 1$，$f_3 = 2$，$u_0 = 0$ を上式に代入し，

$$\frac{1}{6}u_3 + \frac{2}{3}u_2 + \frac{1}{6}u_1 = 1 \quad \Leftrightarrow \quad 4u_2 + u_1 = 6 \qquad ②$$

となる．式 ①，② より

$$u_2 = -2, \qquad u_1 = 2$$

となり，式 (5.40) より，次のようになる．

$$s_0(x) = -\frac{u_0}{6\Delta h_0}(x-x_1)^3 + \frac{u_1}{6\Delta h_0}(x-x_0)^3 + \left(\frac{f_1}{\Delta h_0} - \frac{u_1 \Delta h_0}{6}\right)(x-x_0)$$
$$- \left(\frac{f_0}{\Delta h_0} - \frac{u_0 \Delta h_0}{6}\right)(x-x_1)$$
$$= -\frac{0}{6 \cdot 1}(x-1)^3 + \frac{-2}{6 \cdot 1}(x-0)^3 + \left(\frac{1}{1} - \frac{2 \cdot 1}{6}\right)(x-0)$$
$$- \left(\frac{0}{1} - \frac{0 \cdot 1}{6}\right)(x-1)$$

$$= -\frac{1}{3}x^3 + \frac{4}{3}x$$

$$s_1(x) = -\frac{u_1}{6\Delta h_1}(x - x_2)^3 + \frac{u_2}{6\Delta h_1}(x - x_1)^3 + \left(\frac{f_2}{\Delta h_1} - \frac{u_2 \Delta h_1}{6}\right)(x - x_1)$$
$$- \left(\frac{f_1}{\Delta h_1} - \frac{u_1 \Delta h_1}{6}\right)(x - x_2)$$
$$= -\frac{-2}{6 \cdot 1}(x - 2)^3 + \frac{2}{6 \cdot 1}(x - 1)^3 + \left(\frac{1}{1} - \frac{2 \cdot 1}{6}\right)(x - 1)$$
$$- \left(\frac{1}{1} - \frac{2 \cdot 1}{6}\right)(x - 2)$$
$$= \frac{1}{3}(x - 2)^3 + \frac{1}{3}(x - 1)^3 + \frac{2}{3}(x - 1) - \frac{4}{3}(x - 2)$$
$$= \frac{1}{3}\left(2x^3 - 19x^2 + 13x - 3\right)$$

$$s_2(x) = -\frac{u_2}{6\Delta h_2}(x - x_3)^3 + \frac{u_3}{6\Delta h_2}(x - x_2)^3 + \left(\frac{f_3}{\Delta h_2} - \frac{u_3 \Delta h_2}{6}\right)(x - x_2)$$
$$- \left(\frac{f_2}{\Delta h_2} - \frac{u_2 \Delta h_2}{6}\right)(x - x_3)$$
$$= -\frac{-2}{6 \cdot 1}(x - 3)^3 + \frac{0}{6 \cdot 1}(x - 2)^3 + \left(\frac{2}{1} - \frac{0 \cdot 1}{6}\right)(x - 2)$$
$$- \left(\frac{1}{1} - \frac{2 \cdot 1}{6}\right)(x - 3)$$
$$= -\frac{1}{3}(x - 3)^3 + 2(x - 2) - \frac{2}{3}(x - 3)$$
$$= \frac{1}{3}\left(-x^3 + 9x^2 - 23x + 21\right)$$

(5) 式 (5.43) において $j = 1$ とし，

$$\left(\frac{\Delta h_1}{6}\right)u_2 + \left(\frac{\Delta h_0 + \Delta h_1}{3}\right)u_1 + \left(\frac{\Delta h_0}{6}\right)u_0$$
$$= \left(\frac{1}{\Delta h_1}\right)f_2 - \left(\frac{1}{\Delta h_1} + \frac{1}{\Delta h_0}\right)f_1 + \left(\frac{1}{\Delta h_0}\right)f_0$$

$\Delta h_1 = \Delta h_0 = 1$，$f_0 = 2$，$f_1 = 1$，$f_2 = 1$，$u_0 = 0$ を上式に代入し，

$$\frac{1}{6}u_2 + \frac{2}{3}u_1 + \frac{1}{6}u_0 = 1 \quad \Leftrightarrow \quad u_2 + 4u_1 = 6 \qquad ①$$

となる．また，式 (5.43) において $j = 2$ とし，

$$\left(\frac{\Delta h_2}{6}\right)u_3 + \left(\frac{\Delta h_1 + \Delta h_2}{3}\right)u_2 + \left(\frac{\Delta h_1}{6}\right)u_1$$
$$= \left(\frac{1}{\Delta h_2}\right)f_3 - \left(\frac{1}{\Delta h_2} + \frac{1}{\Delta h_1}\right)f_2 + \left(\frac{1}{\Delta h_1}\right)f_1$$

$\Delta h_2 = \Delta h_1 = 1$，$f_1 = 1$，$f_2 = 1$，$f_3 = 0$，$u_0 = 0$ を上式に代入し，

$$\frac{1}{6}u_3 + \frac{2}{3}u_2 + \frac{1}{6}u_1 = -1 \quad \Leftrightarrow \quad 4u_2 + u_1 = -6 \qquad ②$$

となる．式①，②より

$$u_2 = -2, \qquad u_1 = 2$$

となり，式 (5.40) より，次のようになる．

$$\begin{aligned} s_0(x) &= -\frac{u_0}{6\Delta h_0}(x - x_1)^3 + \frac{u_1}{6\Delta h_0}(x - x_0)^3 + \left(\frac{f_1}{\Delta h_0} - \frac{u_1 \Delta h_0}{6}\right)(x - x_0) \\ &\quad - \left(\frac{f_0}{\Delta h_0} - \frac{u_0 \Delta h_0}{6}\right)(x - x_1) \\ &= -\frac{0}{6 \cdot 1}(x - 1)^3 + \frac{2}{6 \cdot 1}(x - 0)^3 + \left(\frac{1}{1} - \frac{2 \cdot 1}{6}\right)(x - 0) \\ &\quad - \left(\frac{2}{1} - \frac{0 \cdot 1}{6}\right)(x - 1) \\ &= -\frac{1}{3}x^3 + \frac{2}{3}x - 2x + 2 \end{aligned}$$

$$\begin{aligned} s_1(x) &= -\frac{u_1}{6\Delta h_1}(x - x_2)^3 + \frac{u_2}{6\Delta h_1}(x - x_1)^3 + \left(\frac{f_2}{\Delta h_1} - \frac{u_2 \Delta h_1}{6}\right)(x - x_1) \\ &\quad - \left(\frac{f_1}{\Delta h_1} - \frac{u_1 \Delta h_1}{6}\right)(x - x_2) \\ &= -\frac{2}{6 \cdot 1}(x - 2)^3 + \frac{-2}{6 \cdot 1}(x - 1)^3 + \left(\frac{1}{1} - \frac{-2 \cdot 1}{6}\right)(x - 1) \\ &\quad - \left(\frac{1}{1} - \frac{2 \cdot 1}{6}\right)(x - 2) \\ &= -\frac{1}{3}(x - 2)^3 - \frac{1}{3}(x - 1)^3 + \frac{4}{3}(x - 1) - \frac{2}{3}(x - 2) \\ &= -\frac{2}{3}x^3 + 3x^2 - \frac{13}{3}x + 3 \end{aligned}$$

$$\begin{aligned} s_2(x) &= -\frac{u_2}{6\Delta h_1}(x - x_3)^3 + \frac{u_3}{6\Delta h_2}(x - x_2)^3 + \left(\frac{f_3}{\Delta h_2} - \frac{u_3 \Delta h_2}{6}\right)(x - x_2) \\ &\quad - \left(\frac{f_2}{\Delta h_2} - \frac{u_2 \Delta h_2}{6}\right)(x - x_3) \\ &= -\frac{-2}{6 \cdot 1}(x - 3)^3 + \frac{0}{6 \cdot 1}(x - 2)^3 + \left(\frac{0}{1} - \frac{0 \cdot 1}{6}\right)(x - 2) \\ &\quad - \left(\frac{1}{1} - \frac{-2 \cdot 1}{6}\right)(x - 3) \\ &= \frac{1}{3}(x - 3)^3 - \frac{4}{3}x + 4 = \frac{1}{3}x^3 - 3x^2 + \frac{23}{3}x - 5 \end{aligned}$$

第6章

6.1
$$\phi_1 = \frac{100+80+60+\phi_2}{4}, \qquad \phi_2 = \frac{100+\phi_1+60+40}{4}$$
$$\Leftrightarrow \quad \phi_1 = \frac{1}{4}\phi_2 + 60, \qquad \phi_2 = \frac{1}{4}\phi_1 + 50$$

上記をガウス・ザイデル法で解く．

$$\phi_1^{(k+1)} = \frac{1}{4}\phi_2^{(k)} + 60, \qquad \phi_2^{(k+1)} = \frac{1}{4}\phi_1^{(k+1)} + 50$$

$$\phi_1^{(1)} = \frac{1}{4}\cdot 0 + 60 = 60, \qquad \phi_2^{(1)} = \frac{1}{4}\cdot 60 + 50 = 65$$

$$\phi_1^{(2)} = \frac{1}{4}\cdot 65 + 60 = 76.25, \qquad \phi_2^{(2)} = \frac{1}{4}\cdot 76.25 + 50 = 69.0625$$

$$\phi_1^{(3)} = \frac{1}{4}\cdot 69.0625 + 60 = 77.265625,$$

$$\phi_2^{(3)} = \frac{1}{4}\cdot 77.265625 + 50 = 69.31640625$$

6.2
$$\phi_1 = \frac{80+100+\phi_2+\phi_3}{4}, \qquad \phi_2 = \frac{\phi_1+100+20+\phi_4}{4}$$
$$\phi_3 = \frac{80+\phi_1+\phi_4+60}{4}, \qquad \phi_4 = \frac{\phi_3+\phi_2+20+60}{4}$$

$$\Leftrightarrow \quad 4\phi_1 - \phi_2 - \phi_3 = 180, \qquad -\phi_1 + 4\phi_2 - \phi_4 = 120$$
$$-\phi_1 + 4\phi_3 - \phi_4 = 140, \qquad -\phi_2 - \phi_3 + 4\phi_4 = 80$$
$$\Leftrightarrow \quad \begin{bmatrix} 4 & -1 & -1 & 0 \\ -1 & 4 & 0 & -1 \\ -1 & 0 & 4 & -1 \\ 0 & -1 & -1 & 4 \end{bmatrix} \begin{bmatrix} \phi_1 \\ \phi_2 \\ \phi_3 \\ \phi_4 \end{bmatrix} = \begin{bmatrix} 180 \\ 120 \\ 140 \\ 80 \end{bmatrix}$$

上記をガウス・ザイデル法を用いて解く．

$$\phi_1^{(k+1)} = \frac{1}{4}\left(180 + \phi_2^{(k)} + \phi_3^{(k)}\right), \qquad \phi_2^{(k+1)} = \frac{1}{4}\left(120 + \phi_1^{(k+1)} + \phi_4^{(k)}\right)$$
$$\phi_3^{(k+1)} = \frac{1}{4}\left(140 + \phi_1^{(k+1)} + \phi_4^{(k)}\right), \qquad \phi_4^{(k+1)} = \frac{1}{4}\left(80 + \phi_2^{(k+1)} + \phi_3^{(k+1)}\right)$$

$$\phi_1^{(0)} = \phi_2^{(0)} = \phi_3^{(0)} = \phi_4^{(0)} = 0$$
$$\phi_1^{(1)} = 45, \qquad \phi_2^{(1)} = 41.25, \qquad \phi_3^{(1)} = 46.25, \qquad \phi_4^{(1)} = 41.88$$
$$\phi_1^{(2)} = 66.88, \qquad \phi_2^{(2)} = 57.19, \qquad \phi_3^{(2)} = 62.19, \qquad \phi_4^{(2)} = 49.85$$
$$\phi_1^{(3)} = 74.85, \qquad \phi_2^{(3)} = 61.18, \qquad \phi_3^{(3)} = 66.18, \qquad \phi_4^{(3)} = 51.84$$

最終的には，次のようになる．

$$\phi_1 = 77.5, \qquad \phi_2 = 62.5, \qquad \phi_3 = 67.5, \qquad \phi_4 = 52.5$$

6.3　ラプラスの方程式は汎関数 ξ で表すと次式のようになる．

$$\xi = \frac{1}{2}\iint_S \left\{ \left(\frac{\partial \phi}{\partial x}\right)^2 + \left(\frac{\partial \phi}{\partial y}\right)^2 \right\} \mathrm{d}x\mathrm{d}y \qquad ①$$

ここで，固有関数を各 i, j, k の点について線形結合で次のように表す．なお，$a_0 \sim a_2$ は任意定数である．

$$\phi_i = a_0 + a_1 x_i + a_2 y_i, \qquad \phi_j = a_0 + a_1 x_j + a_2 y_j, \qquad \phi_k = a_0 + a_1 x_k + a_2 y_k$$

また，関数 $\phi(x, y)$ は $\phi_i \sim \phi_k$ を用いて次のように表される．

$$\phi(x, y) = N_i \phi_i + N_j \phi_j + N_k \phi_k$$

この条件下で汎関数 ξ の最小化を図るとき，

$$\frac{\partial \xi}{\partial \phi_i} = 0\,, \qquad \frac{\partial \xi}{\partial \phi_j} = 0\,, \qquad \frac{\partial \xi}{\partial \phi_k} = 0 \qquad ②$$

となる．ここでは一例として $\partial\xi/\partial\phi_i = 0$ を考える．式 ① に式 ② を適用して考えると次式のようになる．

$$\frac{\partial \xi}{\partial \phi_i} = \frac{1}{2}\iint_S \left\{ 2\frac{\partial \phi}{\partial x} \cdot \frac{\partial}{\partial \phi_i}\left(\frac{\partial \phi}{\partial x}\right) + 2\frac{\partial \phi}{\partial y} \cdot \frac{\partial \phi}{\partial \phi_i}\left(\frac{\partial \phi}{\partial y}\right) \right\} \mathrm{d}x\mathrm{d}y \qquad ③$$

ここで，$\partial\phi/\partial x$ および $\partial\phi/\partial y$ は次式で表される．

$$\frac{\partial \phi}{\partial x} = \frac{\partial \phi}{\partial N_i}\frac{\partial N_i}{\partial x} + \frac{\partial \phi}{\partial N_j}\frac{\partial N_j}{\partial x} + \frac{\partial \phi}{\partial N_k}\frac{\partial N_k}{\partial x} = \phi\frac{\partial N_i}{\partial x} + \phi_j\frac{\partial N_j}{\partial x} + \phi_k\frac{\partial N_k}{\partial x} \qquad ④$$

$$\frac{\partial \phi}{\partial x} = \frac{\partial \phi}{\partial N_i}\frac{\partial N_i}{\partial y} + \frac{\partial \phi}{\partial N_j}\frac{\partial N_j}{\partial y} + \frac{\partial \phi}{\partial N_k}\frac{\partial N_k}{\partial y} = \phi\frac{\partial N_i}{\partial y} + \phi_j\frac{\partial N_j}{\partial y} + \phi_k\frac{\partial N_k}{\partial y} \qquad ⑤$$

ここで，式 ③ に式 ④，⑤ を代入する．

$$\frac{\partial \xi}{\partial \phi_i} = \iint_S \left\{ \left(\phi_i\frac{\partial N_i}{\partial x} + \phi_j\frac{\partial N_j}{\partial x} + \phi_k\frac{\partial N_k}{\partial x}\right)\frac{\partial N_i}{\partial x} + \left(\phi_i\frac{\partial N_i}{\partial y} + \phi_j\frac{\partial N_j}{\partial y} + \phi_k\frac{\partial N_k}{\partial y}\right)\frac{\partial N_i}{\partial y} \right\} \mathrm{d}x\mathrm{d}y \qquad ⑥$$

ここで，簡単のために次式のように $(\nabla u, \nabla w)$ を用いて表すと，

$$(\nabla u, \nabla w) = \iint_S \left(\frac{\partial u}{\partial x} \cdot \frac{\partial w}{\partial x} + \frac{\partial u}{\partial y} \cdot \frac{\partial w}{\partial y}\right) \mathrm{d}x\mathrm{d}y$$

となり，これを用いて式 ⑥ を変形すると

$$\frac{\partial \xi}{\partial \phi_i} = (\nabla N_i, \nabla N_i)\,\phi_i + (\nabla N_i, \nabla N_j)\,\phi_j + (\nabla N_i, \nabla N_k)\,\phi_k$$

となり，式 (6.60) が導出できた．

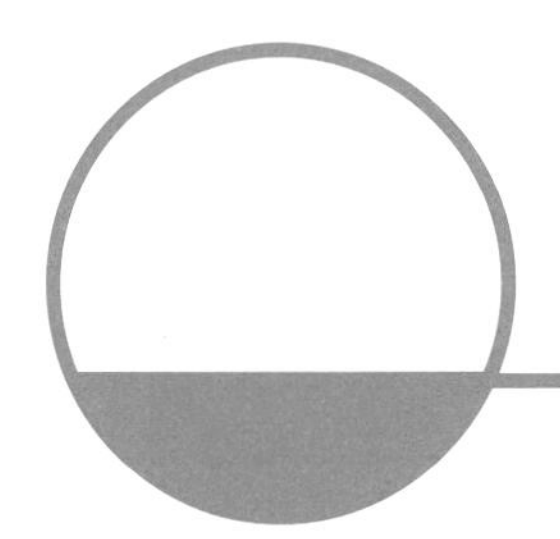

参考文献

[1] R. F. Harrington: Field Computation by Moment Method, New York (1968)
[2] 森平 勇三: 有限要素法入門，サイエンス社 (1976)
[3] 山下 榮吉: 電磁波問題へのアタックの仕方，コロナ社 (1977)
[4] 佐藤 平八: フーリエ解析，森北出版 (1979)
[5] 米山 正雄，三木 容彦: パーソナルコンピュータによる数値計算入門，オーム社 (1983)
[6] 市田 浩三: スプライン関数とその応用，教育出版 (1985)
[7] 長嶋 秀世: 数値計算法，槙書店 (1986)
[8] 甘利俊一，金谷健一: 理工学者が書いた数学の本 線形代数，講談社 (1987)
[9] 桜井 明: パソコンによるスプライン関数，東京電機大学出版局 (1989)
[10] 戸川 隼人: 微分方程式の数値計算法，オーム社 (1989)
[11] 奈良 久，早川 美徳，阿部 亭: 数値計算法，朝倉書店 (1991)
[12] 江原 義郎: ユーザーズ ディジタル信号処理，東京電機大学出版局 (1991)
[13] 佐藤 弘之: 数値計算法，森北出版 (1993)
[14] 橋本 修: 電気・電子工学のための応用数学，リアライズ社 (1995)
[15] 須藤 真樹: パワーアップ フーリエ解析，共立出版 (1996)
[16] 柚賀 正光，大貫 繁雄: パソコンで学ぶ過渡現象，森北出版 (1998)
[17] 橋本 修: 実践 FDTD 時間領域差分法，森北出版 (2006)
[18] 井出 英人，橋本 修，米山 淳，近藤 克哉: 学生のための電気回路，東京電機大学出版局 (2008)
[19] https://docs.python.org/ja/3/tutorial
[20] https://numpy.org/learn/

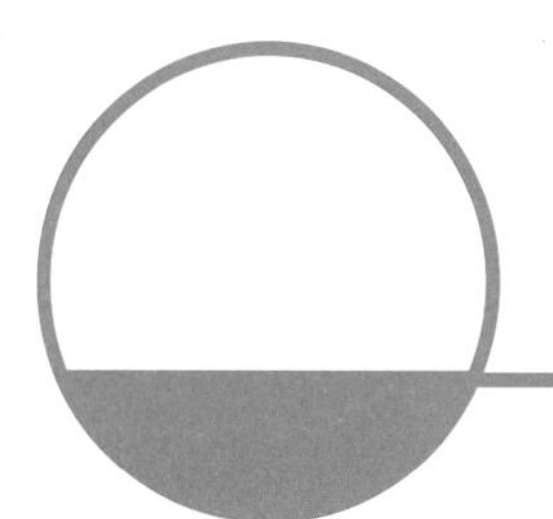

索　引

著　者　略　歴

橋本　修（はしもと・おさむ）

1978 年　電気通信大学大学院修士課程修了
1978 年　株式会社東芝入社
1981 年　防衛庁技術研究本部第 1 研究所入所
1986 年　東京工業大学大学院博士課程修了
1989 年　防衛庁技術研究本部第 2 研究所主任研究官
1991 年　青山学院大学理工学部電気電子工学科助教授
1994〜1995 年　イリノイ大学客員研究員
1997 年　青山学院大学理工学部電気電子工学科教授
2012〜2017 年　青山学院大学理工学部長・理工学研究科長
2016〜2019 年　青山学院大学副学長
現在に至る　工学博士
専　門　環境電磁工学, 生体電磁工学, マイクロ波・ミリ波測定, 電磁界解析
著　書　実践 FDTD 時間領域差分法（森北出版, 2006）, 電波吸収体入門 POD 版（森北出版, 2006）, マイクロ波伝送・回路デバイスの基礎（オーム社, 2013）, 電波吸収材およびシールド材の開発とその応用（シーエムシー出版, 2016）, 電波吸収材・電磁波シールド材の開発最前線（シーエムシー出版, 2020）　ほか

毛塚　敦（けづか・あつし）

1999 年　青山学院大学大学院修士課程修了
1999 年　日本無線株式会社入社
2006 年　防衛大学校（防衛庁）理工学研究科博士課程修了
2007 年　法政大学工学部情報電気電子工学科兼任講師
2011 年　青山学院大学理工学部電気電子工学科非常勤講師
2013 年　独立行政法人電子航法研究所主任研究員
2015 年　青山学院大学客員研究員
2017 年　国立研究開発法人海上・港湾・航空技術研究所電子航法研究所主幹研究員
現在に至る　博士（工学）
専　門　アンテナ伝搬, マイクロ波, 電磁界解析, 航空航法

編集担当　加藤義之（森北出版）
編集責任　富井　晃（森北出版）
組　　版　藤原印刷
印　　刷　同
製　　本　同

Python による数値計算法の基礎

2021 年 6 月 22 日　第 1 版第 1 刷発行

著　　者　橋本　修・毛塚　敦
発 行 者　森北博巳
発 行 所　**森北出版株式会社**
東京都千代田区富士見 1-4-11（〒 102-0071）
電話 03-3265-8341 ／ FAX 03-3264-8709
https://www.morikita.co.jp/
日本書籍出版協会·自然科学書協会　会員
JCOPY <（一社）出版者著作権管理機構 委託出版物>

落丁・乱丁本はお取替えいたします.

Printed in Japan ／ ISBN978-4-627-74431-8